ぶらり東海・中部の地学たび

森　勇一
Yuichi Mori
田口一男
Kazuo Taguchi

風媒社

まえがき

私たちが高校生のころ、地学は必修だった。1週間に2回地学の授業があり、高校生は誰もが地学を勉強したものだ。正直なところ、私が学んだ高校地学は大変つまらないものだった。覚えることが多く同じ学年で勉強する地理とかぶっていて、違うところと言えば地学には天文分野があることぐらいだった。

教科書も羅列的で視覚に訴えるものが少なく、あまり面白いものではなかった。今の地学の教科書は、どのページを開いても図や写真があり、カラフルで美しい。内容も一新され、高校地学は魅力的な教科に生まれ変わっている。地球科学が日進月歩の新しい研究分野を多く含み、日々更新されていることが背景にある。しかるに全国の多くの高校生は、地学を学習しないまま高校を送り出されている。地学が選択科目となり、受験に役立たないという理由で教育現場で切り捨てられてしまっているからである。残念なことである。

そんななか、地学学習を後押しする動きもある。日本各地の観光地や自然景観を、大地の営みつまりはジオの視点で探求し、教育やツーリズムに活用しようとする試みである。今日、日本には46カ所のジオパーク（大地の公園）があり、そこをめぐるジオツーリズムが企画され多くの人々がジオパークを訪れるようになった。これを利用しない手はない。

西南日本を縦断する中央構造線は車で少し走るだけで誰でもわかり、その存在は戦国の世から今日まで人々の生活と直結していた。木節(きぶし)粘土や御影石など地下からの贈り物に向けられたまなざしが、わが国の若者の青春そのものだった時代がある。地学は、日本の歴史や人の暮らし、日本の文化とも大いに結びついた学問だったのだ。

地学学習の入口に立ち、その手助けとなるべく本書を書いた。もとより本書は巡検案内書ではない。ジオサイトへといざなうための読み物と考えていただきたい。東海三県と長野県を中心に原稿を執筆するなか、2024年1月1日能登半島地震が発生した。新聞やテレビなどを通じて深刻な被災地の状況が伝えられると、居てもたってもいられなくなった。前著『東海・北陸のジオサイトを味わう』で紹介した能登半島各地のジオサイトやお世話になった皆さんは、大丈夫だっただろうか。被災地をたずね、急遽、本書に北陸地域を加筆することにした。

能登半島地震を経験して思うことは、現在最も懸念されている南海トラフ巨大地震のみならず、日本中どこも地震への備えを怠るべきでない、ということであろう。美しい日本列島は、災害大国日本の裏返しなのである。本書が、災害の多い日本列島の歴史の理解に役立てば幸いである。

ぶらり東海・中部の地学たび【目次】

◉三重県

◉岐阜県

◉長野・富山・石川・福井県

長野県

富山・石川・福井県

本書の関連地図【愛知県】

1　マントルをつくる石・超塩基性岩とは何か？（新城市／豊橋市）
2　わが国最大の河畔砂丘にサリオパーク（稲沢市）
3　蛙目粘土とノベルティ（瀬戸市）
4　横山住職絶賛の馬の背岩と乳岩峡（新城市）
5　白亜の壁—長野県から押し寄せた 10 mの火山灰（常滑市）
6　伊勢の海のランドマークだった古墳列（あま市）
7　「アンモナイトの約束」その後（犬山市）
8　家康と戦った一向一揆の拠点にいたムシ（安城市）
9　私の学校ちょっと変なの？熱田台地のヒ・ミ・ツ（名古屋市）
10　タコの体そっくりの流痕（南知多町）
11　【城石垣を見て回る①】家康誕生の城—岡崎城（岡崎市）
12　【城石垣を見て回る②】木曽川に佇む古城—犬山城（犬山市）

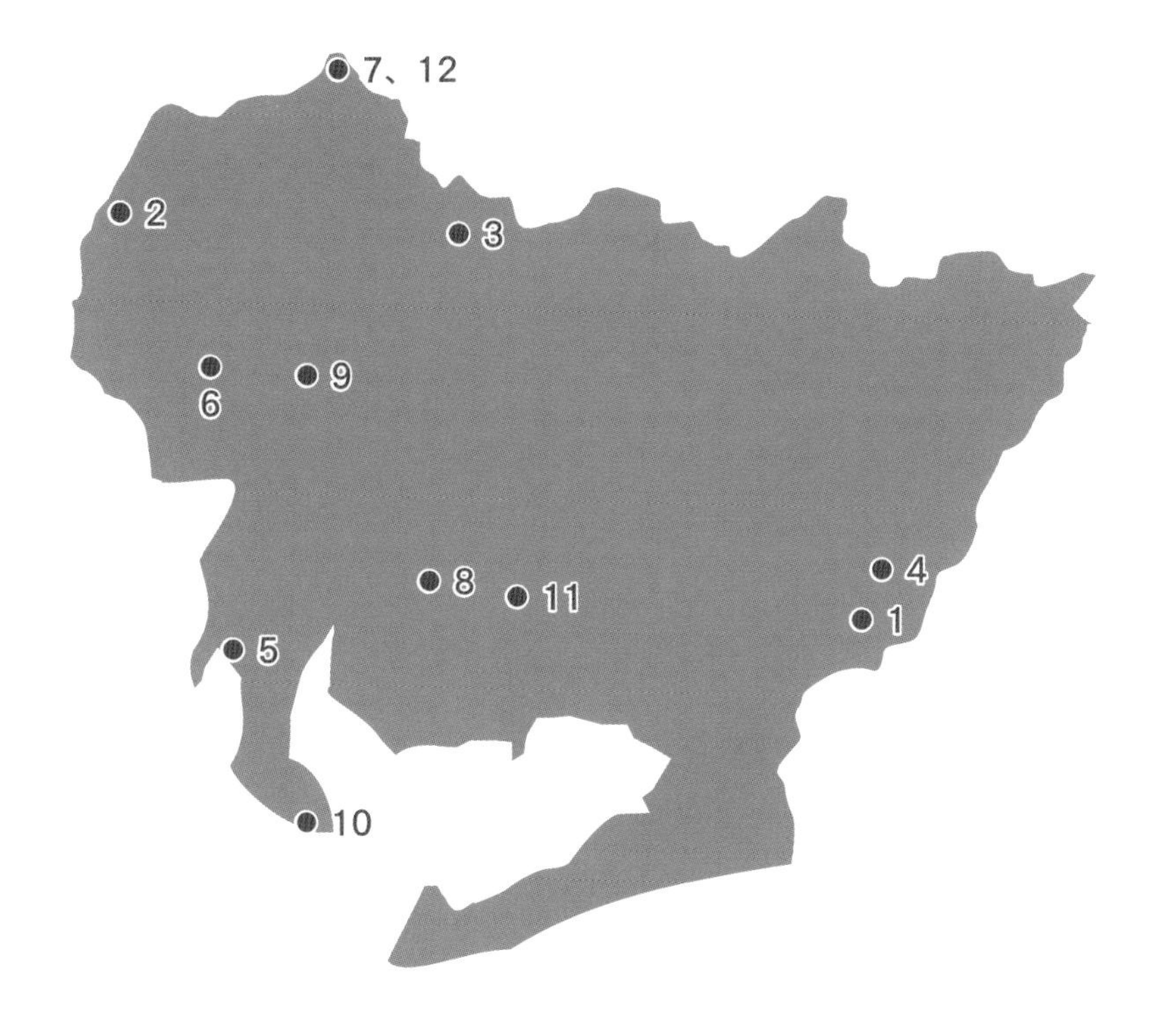

本書の関連地図【三重県】

1　菰野町３つの宝（菰野町）
2　偵察されていた東南海地震（尾鷲市／愛知県半田市）
3　隆起準平原の上に風車基地（伊賀市）
4　誰が彫ったか 40 体の磨崖仏（津市）
5　日本最大級のコンクリーションと貝石山（津市）
6　多度山はいつ高くなったか？（桑名市）
7　ミエゾウの足跡化石を掘る（伊賀市）
8　暗い床の間に並べられた石（桑名市）
9　伊勢国屈指の銀銅山・治田鉱山（いなべ市）
10　塩の芸術・川の造形（熊野市）
11　【城石垣を見て回る③】
　　内帯・外帯の石材が見られる城
　　―田丸城（度会郡玉城町）
12　【城石垣を見て回る④】九鬼水軍の海城
　　―鳥羽城（鳥羽市）

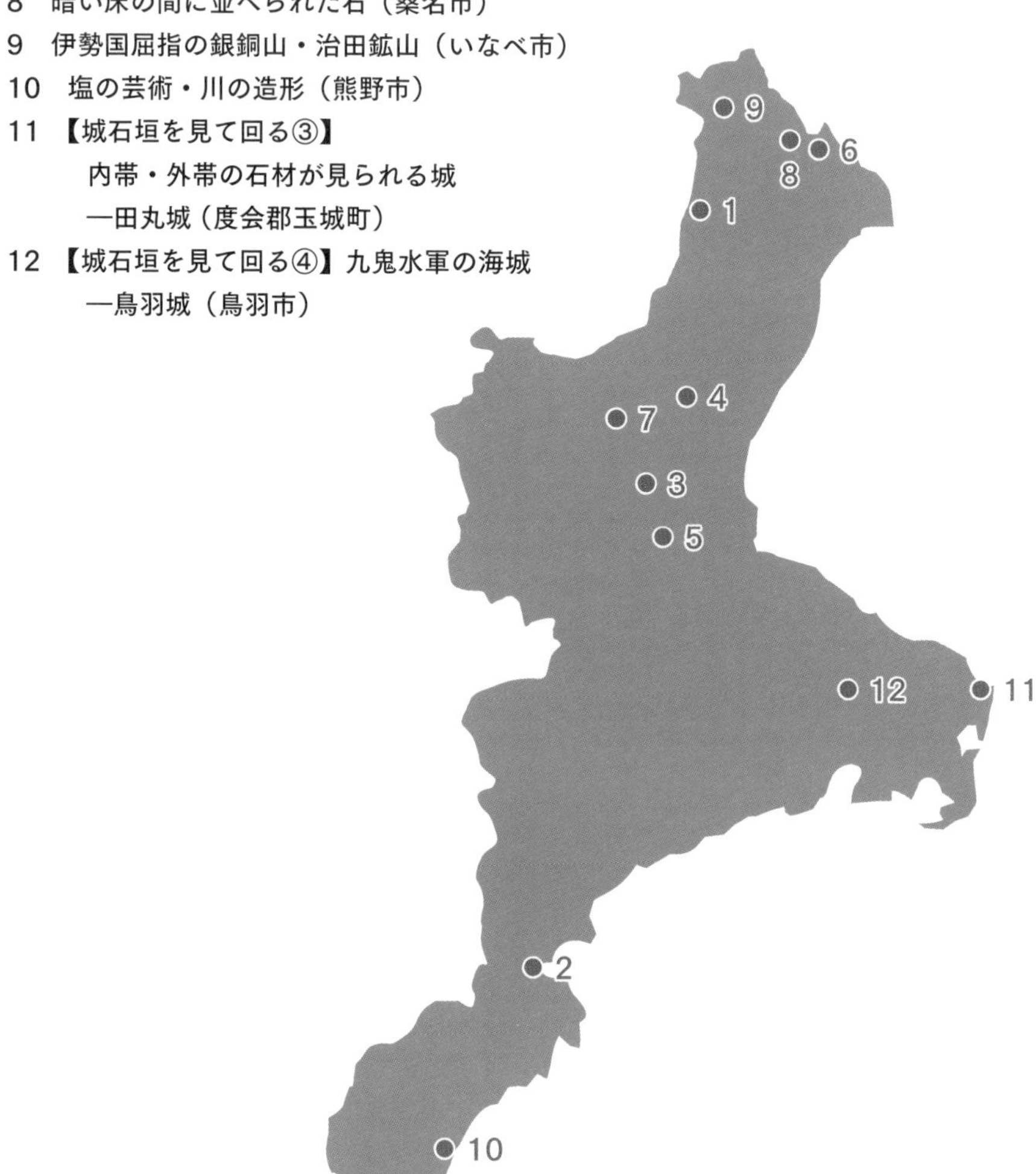

本書の関連地図【岐阜県】

1　わが家の表札は地球最古の化石（平田町）
2　世界最大規模の噴火だった濃飛流紋岩（下呂市）
3　天下分け目の決戦地はなぜそこに（関ケ原町）
4　養老菊水は南の島からの贈り物（養老町）
5　4階建ての大滝鍾乳洞、上段ほど古く下段は成長途上（郡上市）
6　長良川中流域の付加体を探る（郡上市）
7　濃尾地震―美濃では根尾谷断層、尾張では液状化（本巣市）
8　日本の古生物学発祥の地（大垣市）
9　【城石垣を見て回る⑤】城石垣で化石探し―大垣城（大垣市）
10　【城石垣を見て回る⑥】東濃のマチュピチュ―苗木城（中津川市）

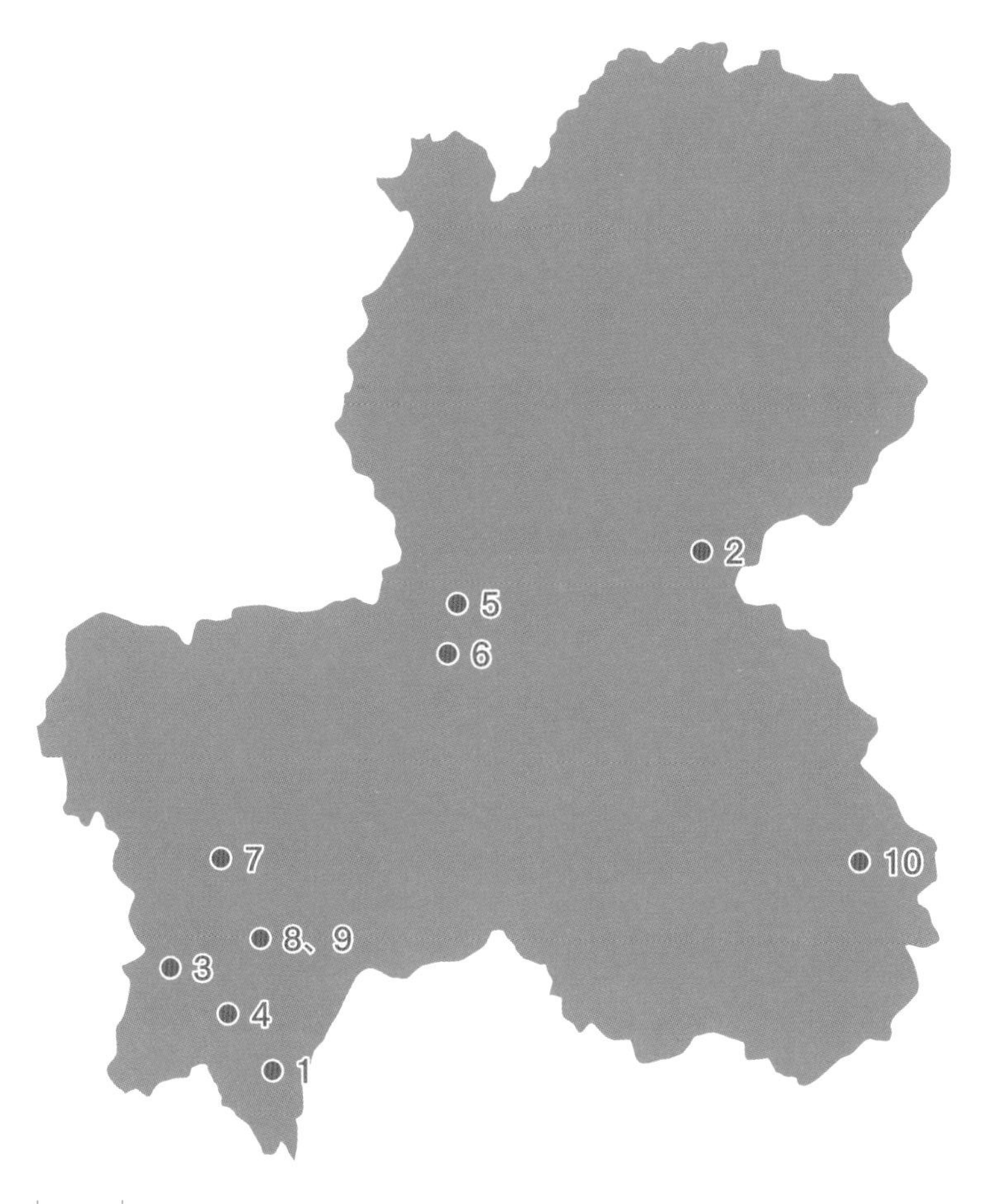

本書の関連地図【長野・富山・石川・福井県】

1　誰かに話したくなる博物館（長野市）
2　白馬岳ジオトレッキング（北安曇郡白馬村）
3　眼前の山なみは世界一若い花崗岩（安曇野市）
4　日本最古の人類遺跡・野尻湖（信濃町）
5　二人の古生物学者をとりこにした化石産地（阿南町）
6　信玄の軍用道路だった中央構造線（大鹿村）
7　氷河の爪痕千畳敷カール（駒ヶ根市）
8　六文銭真田の聖地は深い海の底だった！（上田市）
9　謎の石「オニックスマーブル」（その 2）（富山県黒部市）
10　液状化災害の怖ろしさ―能登半島地震速報①（石川県内灘町ほか）
11　震度 7 の揺れに加えて津波が襲う―能登半島地震速報②（石川県珠洲市ほか）
12　魅惑の恐竜ワールドふくい（福井県勝山市）
13【城石垣を見て回る⑦】諏訪湖の浮城―高島城（長野県諏訪市）
14【城石垣を見て回る⑧】日本アルプスを背にした国宝天守
―松本城（長野県松本市）

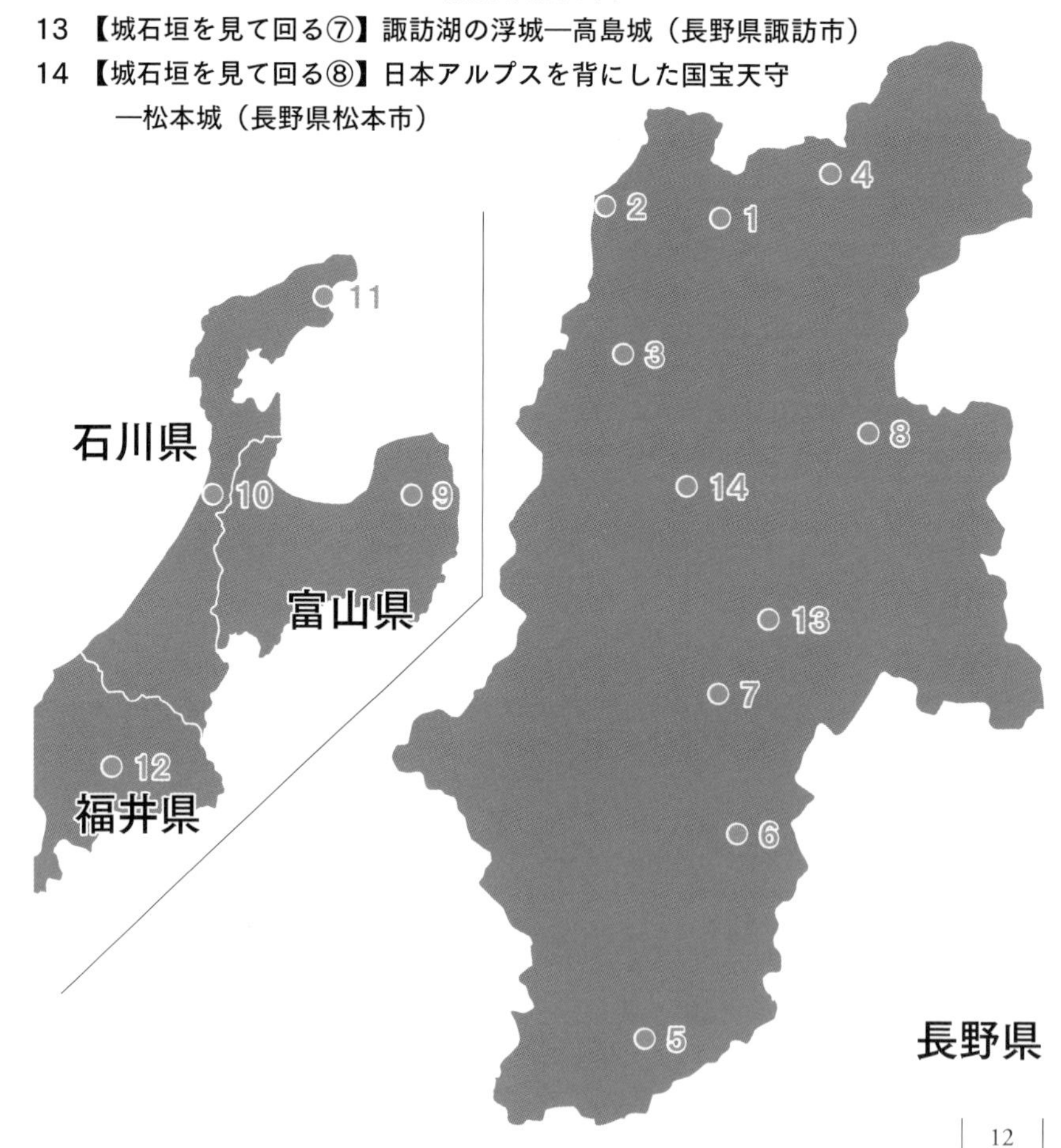

愛知県

❶ マントルをつくる石・超塩基性岩とは何か？

◉新城市・豊橋市

「モホール計画」というプロジェクトが開始されたのは、1960年代のこと。宇宙開発競争でソビエト連邦（当時）に大きく後れをとったアメリカが、地球科学分野で失意を回復しようと計画した壮大な掘削プロジェクトである。

地球の表層をおおう地殻を貫いてマントルまで穴をあけ、マントル上層部を構成する岩石を採取しようという計画である。地殻とマントルとの境界は、モホロビチッチ不連続面（モホ面）と呼ばれる。モホ面まで穴をあけるということから、モホ（Moho）と穴（hole）を合体させて、Mohole 計画と名づけられた。

地球は変わり玉のごとく層構造をしていて、深さ約35㎞までが地殻、深さ35㎞から2900㎞までがマントル、中心部の深さ6400㎞までは核と呼ばれている。

モホール計画では、地殻が一番薄いとされたメキシコ沖の大陸棚の海上に掘削船を浮かべ、計5本のボーリング試料が採取されたが、得られた試料はマントルには程遠く、海面下約200mより分析試料が得られたのみであった。得られた岩石は、新生代新第三紀中新世の玄武岩であったという。モホール計画はトラブル続きで、つぎ込んだ資金の割には成果が得られず、10年余りで中止となった。

人類は、ついにマントルをつくる岩石を手に取ることはできなかったのである。

時は流れ、掘削技術は大きく進歩した。日本も関わって進められている国際深海掘削計画では、世界の多くの海でボーリング試料が得られているが、モホ面の下に位置するマントルの岩石を入手するには至っていない。現在までに人類の掘った最も深い穴の深さは約12㎞である。

では、マントルを構成する岩石についての情報は得られていないのだろうか。そうではない。高校地学の教科書を見ると、5社すべての教科書に上部マントルを構成

図1　吉川峠の蛇紋岩露頭

する岩石はカンラン岩である、とはっきり書いてある。マントルをつくる岩石を観察できていないのに、それはどのような推論から導かれたものだろう。

　意外に知られていないことだが、わが国は、地球の内部にある岩石を知るのに最もすぐれた場所である。マントルまで穴をあけなくても、地殻の奥深くまで亀裂が生じていて、マントルから直接運ばれたと考えられる岩石がごく身近に観察できるジオサイトが数多く存在するのである。その一つが愛知県新城市にある。

　新東名高速道路新城インターチェンジを降り、本長篠駅から県道257号線を黄柳野川（つげのがわ）に沿って南下する。牛丸集落を経て右折すると、吉川峠に向かう西進する道路に出る。この道沿いに露出する岩石こそが、マントルを構成する岩石なのである（図1）。

　火成岩のうち白っぽい火山岩が流紋岩、深成岩は花崗岩である。酸性岩という。黒っぽい火山岩は玄武岩といい、深成岩は斑れい岩。両者は塩基性岩と呼ばれる。中間タイプの火山岩は安山岩、深成岩は閃緑岩である。中性岩の名で呼ばれる。これらは、SiO_2 の含有量により求められ、化学で用いられる酸性、塩基性とは意味が異なる。塩基性岩である玄武岩や斑れい岩は地殻の下層を構成しているが、SiO_2 の含有量が45～52％の塩基性岩の領域をはみ出た岩石を超塩基性岩という。これがマントルを構成する岩石であるカンラン岩なのである。吉川峠に見られる岩石は緑色ないし黄緑色を呈し、カンラン岩そのものではない。蛇紋岩である。蛇紋岩は、カンラン岩に水が加わって生じた岩石で、カンラン岩よりやや軽い。蛇紋岩は、いわばカンラン岩の水煮のような岩石といえる。蛇紋岩は、磨くと蛇のような模様が現れることから命名されたもので、英名のサーペンタインにも同様の意味がある(図2)。カンラン岩や蛇紋岩は、地表に生活する生き物にとっては有害・有毒なため、蛇紋岩地帯は特別な植物しか繁茂しない。

蛇紋岩のこうした特性は、草を生やしたくない鉄道の枕木の間や、学校のグラウンドに盛んに用いられたものだが、地下水汚染が問題になってからは規制されている。

吉川峠に蛇紋岩が露出するのは、言うまでもなく直近を中央構造線が通るからである。蛇紋岩によく似た岩石は、新城市と豊橋市にまたがる吉祥山にも分布している。ここでは、変成カンラン岩(宮崎ほか、2008)と呼ばれているが、これもマントル上層部にあったものであることは確かである。

モホ面まで穴をあけなくても、案外近くでマントルをつくる石を見ることができたのである。

図2　吉川峠で観察される蛇紋岩

❷ わが国最大級の河畔砂丘にサリオパーク

◉稲沢市

木曽川は長野県の山岳地帯に端を発し、長野・岐阜両県の谷壁をぬうように流れ下る。平地に出ると流速が急に衰え、運んできた土石を捨てる。犬山城付近を扇頂とする半径約12km、面積約100km²に及ぶ、大扇状地がつくられる。河道内に見られる土石は、主に人頭大から握りこぶし大の礫。木曽川は洪水のたびごとに流路を変え、一之枝川・二之枝川・三之枝川など、幾筋もの河道を刻んだのち、濃尾平野に堆積物を運んだ。

慶長12年、江戸幕府を開いた徳川家康は治水工事の名の下に、木曽川分派流のすべてを締め切り、流路を現在の河道の位置に固定させた。西暦1607年のことである。この工事は、慶長15年の名古屋城築城に先んじておこなわれ、大阪城に拠点を構える豊臣秀頼に対する防御と、ただただ尾張藩のみを洪水から守る堅固な堤防として機能した。御囲堤(おかこいづつみ)という。

木曽川は扇状地帯を抜けると、流速がさらに遅くなり砂のみを運ぶ。氾濫平野とも自然堤防帯とも呼ばれる地域である。自然堤防の形成は、砂に含まれる考古遺物の編年をもとに、古代から中世の時期とされている。10〜13世紀にかけてのころ、木曽川は現在の日光川の河道を中心に流れ、蛇行しながら大量に砂をまき散らした。わが国屈指の植木産地として知られる稲沢市一帯の肥沃な大地は、主にこの時期に形成されたものである。

稲沢市の西部、祖父江町拾町野(じっちょうの)から四貫(よつのき)にかけての木曽川右岸に、祖父江砂丘がある（森、1987）。河畔砂丘としては、日本で最大規模を誇る（図3）。日本のような湿潤な気候条件下では内陸に成立する砂丘はきわめて珍しく、祖父江砂丘を除くと利根川水系と最上川水系だけにしか見られない。

砂丘ができるには、粒ぞろいの砂が多量に存在し、一年を通じ強風が吹き続ける必要がある。一宮市北西部から祖父江町一帯は自然堤防帯に属し、古くより砂の供給が盛んであった。加えて、木曽川の流路がこの付近で大きく曲がり、流速が砂粒の沈積速度である毎秒8㎝以下になるため、砂の堆積が起こる。さらに重要な理由として、この場所が、冬季、日本海より濃尾平野に北西の季節風を運ぶ、伊吹おろしの風道に位置しているからに他ならない。

稲沢市祖父江町には沼山とか、中沼、下沼などといった「沼」のついた地名があちこちに残っている。祖父江町の地名も、一説には「ソブ（酸化鉄の一種）がたまる入り江」から来ているという。かつての木曽川はこのあたりで流速が衰えて停滞した水域をつくっていたと考えられる。それが、酸化鉄のソブが沈積する理由である。

1974年、祖父江砂丘の下流部に馬飼頭首工が建設され、砂丘の形成に少なからず影響が出た。現在、祖父江砂丘には国営・

図３　河畔砂丘として知られる祖父江砂丘
（稲沢市祖父江町にて）

図４　サンドフェスタに出品された砂の造形
「砂の造形展」は美しくて立派な作品が多く出品され見ていて楽しいが、一方で家族や子どもでも気軽に砂の造形にチャレンジできるコーナーがあってもいいのではないかと思う

木曽三川公園ワイルドネイチャープラザをはじめ、愛知県や稲沢市などが中心となって自然公園が営まれている。「サリオパーク祖父江」をメイン会場に、年に一度開催される大規模な砂の造形展サンドフェスタは毎年10月に開催され、知る人ぞ知る砂の芸術祭として人気を集めている（図4）。

＊＊＊

木曽川はわが国を代表する大河だが、同時に大変行儀の良い川であり、運搬や堆積作用がきわめて正しくおこなわれている河川でもある。上流では大きな礫を、中流では小ぶりの礫を堆積させ、海に近い濃尾平野では粒の揃った砂を運んでいる。図は、祖父江砂丘（試料1）と、これより4・5km下流の愛西市給父町（試料2）、約10km下流の津島市下新田町（試料3）から採取した砂の粒度分析結果である（図5）。いずれの試料も、そのほとんどが0・125mmから0・5mmの中粒の砂のみで構成されていることがわかる。この木曽川の行儀の良さが、砂地盤で構成された濃尾平野で液状化災害が発生しやすい原因ともなっているのである。

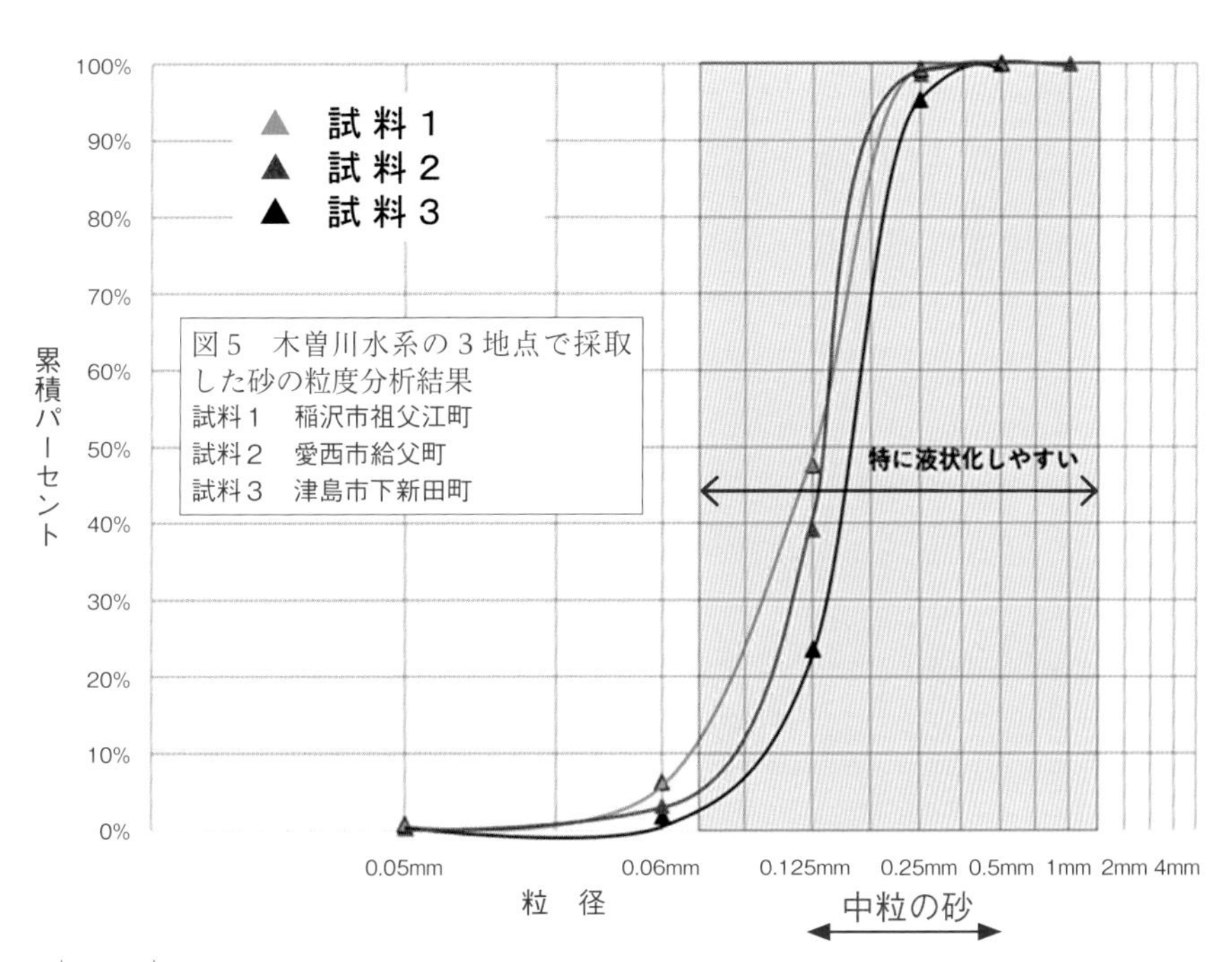

図5　木曽川水系の3地点で採取した砂の粒度分析結果
試料1　稲沢市祖父江町
試料2　愛西市給父町
試料3　津島市下新田町

③ 蛙目粘土とノベルティ

●瀬戸市

名鉄瀬戸線・尾張瀬戸駅で降り、瀬戸川に沿って東へ記念橋まで歩く。記念橋を北にとると、家並みがまばらになる付近から登り道になる。道を右に進むと、前方に鉄製のやぐらのような構造物が見え隠れする。さらに坂を登ると、株式会社加仙鉱山の看板が掲げられた工場に到着する。駅からおよそ15分。こんな近くに粘土の生産現場があるとは、驚きである。

瀬戸で陶磁器生産が盛んなのは、瀬戸市周辺から原料の粘土が、採掘できるからである。陶磁器の原料となる粘土層は、「瀬戸陶土層」と呼ばれる。今から500万年から1000万年前に堆積した地層である。東海層群の名で知られ、愛知・岐阜・三重三県の丘陵地帯に広く分布する淡水成の地層で、瀬戸陶土層はその最下部に位置づけられる（森、2010）。

瀬戸陶土層は上下2層に分かれ、下部は八床珪砂層、上部は水野粘土層の名で知られる。八床珪砂層は、主として石英砂（珪砂）と「蛙目（がえろめ）粘土」よりなる。蛙目粘土とは、透明石英があたかもカエルの目のように見えることから、名づけられた（図6）。八床珪砂層は、珪砂部分を主体に、ところどころに蛙目粘土をレンズ状に挟む白色の地層である。水野粘土層は、基盤のくぼみに堆積したもので、八床珪砂層の上位に重なる。水野粘土層には、植物片や亜炭が多く含有され、その状況から木節粘土とも呼ばれる。

図6　蛙目粘土（瀬戸市加仙鉱山にて撮影）

図７　蛙目粘土の露頭（瀬戸市加仙鉱山にて）
上部約３ｍが木節粘土、下位５ｍ以上が珪砂を含む蛙目粘土。今でこそ蛙目粘土が必要とされ蛙目粘土のみを採掘し、上部に堆積した木節粘土は邪魔者扱いだが、ノベルティ生産が盛んだったころ、木節粘土は最重要の粘土だった。中学を卒業したばかりの若者が九州から集団列車で大挙して送りこまれ、瀬戸の町が大いに賑わった時代があったのである

加仙鉱山は、蛙目粘土の採掘と生産を手がけ約50年の陶土メーカーである。先代の加藤光哉会長のあとをつぎ、陶土生産を継続するのは加藤章弘取締役社長である。風化花崗岩は、一般には「マサ」と呼ばれる。花崗岩が風化し、一部石英混じりの陶土層を業界では「珪砂」と呼び、これを生成すると蛙目粘土がとれる。

風化花崗岩の露頭は、加仙鉱山の裏手にあり、上部に約３ｍの木節粘土層、その下位に10ｍ以上にわたって蛙目粘土の原料となる珪砂層が堆積している（図７）。珪砂層は、現在、池のようになっている低い場所にも分布していて、原料となる陶土は加藤社長の次の代まで採掘可能であるという。

加仙鉱山では、現在は大事をとって自社の鉱山から採掘するこ

図８　蛙目粘土を精製して天日乾燥中の陶土原料

とをしないで他の鉱山から購入した珪砂を用いて蛙目粘土を精製・出荷している。陶土としての蛙目粘土の有用性はチタンや鉄が少ないため、白色陶器はもちろん何にでも利用できることにある。それに対して、瀬戸市南部や豊田・藤岡から産する陶土はチタンが多く含まれ、そのため白色陶器に用いることができずせいぜい耐火物ぐらいしか利用価値がないという。

蛙目粘土の生産は、珪砂を水簸（すいひ）する工程から開始される。水簸は、粘土から不純物を洗い出し、粒度をそろえるためになくてはならない工程である。次に、高圧で水洗した蛙目粘土を、フィルタープレスという機械を用いて絞り出しパンケーキ状にする（図８）。１枚の重さは約50kg。これを半分に切り、天日で乾燥させたものを１トンずつ袋詰めにする。現在の出荷価格は１トンあたり数万円という。加仙鉱山における出荷量は月産１００トンがやっとだというが、そもそも原材料の蛙目粘土には、おびただしいほどの大粒の石英や長石類が含まれる。これを取り除き乾燥したら、どれだけの粘土が残るのだろう。鉱山の経営は、大変厳しいことがわかる。加仙鉱山から出荷された陶土は、瀬戸市内だけでなく日本各地の陶磁器生産現場に、またファインセラミックスやガイシなど電気設備の絶縁体原料として出荷されている。

蛙目粘土に対し、木節（きぶし）粘土は挟雑物が多く色が美しくないが可塑性に富み、それが理由で大いに利用された時期がある。瀬戸市には戦後まもなくから高度経済成長期にかけ著しく賑わい、金の卵とされた中学生の集団就職の職場として全国に名をとどろかせた時代があった。ノベルティ生産の町としての瀬戸市である。

今日、ノベルティは店や企業が宣伝目的で無料で配布する名前の入った品物のことをさす。第二次大戦直後のわが国では、最大の貿易国となったアメリカやヨーロッパなどに、日本人形や洋食器などと並び日本人の手による日本らしい陶器製小物が名古屋港を通じて

図9　木節粘土で作られたノベルティ（ノベルティ・こども創造館にて撮影）

数多く出荷された。これがノベルティである（図9）。

西日本で初めて集団就職専用列車が走ったのは1956（昭和31）年とされる（中村、2021）。3月30日朝8時36分に鹿児島駅を出発したSL「あけぼの号」は翌31日朝、大阪で第一陣を降ろしたのち、10時41分に名古屋駅に着いた。鹿児島を出て約26時間後だった。瀬戸市への集団就職はこのときから始まったという（中村、2021）。東京オリンピックが開催された1964年の8年前のことである。

可塑性に富む木節粘土は、ノベルティ製作の格好の材料として重宝され、瀬戸では一時期木節粘土のみ採掘され蛙目粘土は惜しげもなく捨てられていた。木節粘土はありとあらゆる造形物に生まれ変わり、ノベルティとなって「メイドインジャパン」の代名詞のように海外に出荷されていた。

ノベルティ作品の一部を集めたノベルティ・こども創造館は、加仙鉱山から少し下った瀬戸市泉町にあり、時代とともに移り変わったノベルティデザインを見ることができる。また、瀬戸物で知られる瀬戸の街と焼き物の総合博物館としてオープンした瀬戸蔵ミュージアムは、瀬戸物に関わる歴史や窯業生産が盛んであった瀬戸の町について体系的に学ぶことができる施設である。尾張瀬戸駅にも近く、瀬戸に出かける際には必ず訪れてほしい一押しのミュージアムである。

④ 横山住職絶賛の馬の背岩と乳岩峡

◎新城市

新城市鳳来町にある医王寺の住職横山良哲さんは、私の古くからの友人である。医王寺は、1575（天正3）年の長篠の戦いの折り、武田勝頼が本陣を置いた曹洞宗の名刹。まことに残念なことであるが、横山は、2011年65歳で亡くなった。

図10 「馬の背岩」の名で知られる安山岩脈

　愛知教育大学時代、横山は生物学教室に所属し、岩石や鉱物などに詳しい大の地学好き。私はというと地学教室に所属し、昆虫採集に明け暮れる大のムシ好き。この二人がコンビを組んで、ボルネオの奥地やインドネシアによく遠征した。昆虫採集のため、夏休み1カ月の間、かつての首狩り族のムラに滞在した。今思えば、あまり調べもしないで、ずいぶん無謀な旅行を計画したものだ。

　海外の旅行中、横山が生まれ育った新城市の自然の素晴らしさについて、熱く語っていた場所が二つある。JR飯田線湯谷温泉駅南の宇連（うれ）川の中に突出する「馬の背岩」と、三河川合駅の北方、乳岩川の上流部に位置する「乳岩（ちいわ）峡」である。

　馬の背岩は、横山がその後高校の生物教師になってから、母校県立新城東高校で出会った先輩教師・浦川洋一氏とともに、命の危険をも省みず夢中で調べた安山岩脈研究の原点になった岩脈である（図10）。

図11 「通天門」と命名されている横穴

横山は浦川と協力し、東三河に分布する安山岩脈を一本一本くまなく追跡し、その延長方向がいずれも南北に連続されることを突き止めた（浦川・横山、1988）。その結果から、新第三紀中新世のころ、東三河地域が強い南北圧縮の場であったことを明らかにした。しかし、南北に延びる安山岩脈にどんな意味があり、それが日本海の拡大や日本列島の成立とどのように関係しているか、十分解明できないまま他界した。貫いている安山岩脈の年代値を求めることができなかったことと、横山が元気な時期、西南日本が時計回りに回転し日本海が生まれたとする日本海誕生の物語がまだ正しく理解できていなかったことによる。

乳岩は侵食に耐えて残った岩山で、通天門と呼ばれる横穴（図11）とV字谷を見下ろすことができる巨大な空洞（図12）が売りである。そこに至る垂直の鉄ばしごもスリル満点だし、乳岩峡そのものが川の侵食により新第三紀の岩盤に平坦面を構築したきわめて珍しい段丘地形となっており、どこをとっても超一流のジオサイトが連続している。乳岩峡は馬の背岩と並んで、１９３４（昭和９）年、早くも国の天然記念物に指定されている。

当時、横山の乳岩峡についての興味・関心は、鍾乳洞を形成した流紋岩質の凝灰岩にあったようだ。凝灰岩は、カルシウム成分をほとんど含むことがない火山性堆積岩である。カルシウムを含まないのにどうして鍾乳洞ができるのか。カルシウムはいったいどこに由来するのか。横山は、空洞の生成を溶食による化学的風化と考えた。今日、調べてみると、乳岩峡の空洞は、酸性の雨水が岩石中のカルシウム成分を溶かして生じた空洞ではなく、凝灰岩に発達した節理や割れ目を風雨が少しずつ広げ、ついに空洞にまで発達させた物理的風化の産物であると考えられるようになった。

図 12　V 字谷を見下ろす巨大な空洞

　洞窟の上部から垂れ下がっている小さな鍾乳石様の乳白色の生成物が妙に強調されたため、乳岩峡が石灰岩洞窟のように考えられたのである。

　ボルネオの石灰岩洞窟を見たとき、横山が郷土の乳岩峡のことに思いをはせ、凝灰岩や流紋岩のどこにカルシウム成分が含まれるのか、熱帯のジャングルの中で議論したことが懐かしい。

❺

◉常滑市

白亜の壁——長野県から押し寄せた10mの火山灰

図13　高さ20mの白亜の壁（常滑市大谷海岸）

常滑市の大谷海岸に、高さ20mの巨大な地層の壁がある（図13）。すぐ南側に、マリンスポーツの拠点が位置していて、筆者が調査に行くときはいつも引っ切りなしに水上バイクが水煙をあげている。海から見ればさぞかし迫力があるだろう。現在は風化が進んで黄色味を帯び白亜とは言いがたいが、スケールの大きさは東海地方でも群を抜いており一見に値する。

そこは大谷火山灰層と呼ばれる中部日本を代表する広域火山灰層の模式地である。壁の下側およそ半分が火山灰層で構成されている。大谷火山灰層の堆積した年代は、390万年前とも420万年前ともされている。この火山灰層は、常滑層群の最下部から下部付近にかけての層準に認められるもので、古くより多くの研究者がこの壁を訪れてきた。

半田図幅5万分の1の地質図に、大谷火山灰層についての詳しい記載がある（吉田・尾崎，1986）。下部約4・5mと、上部約4mの二つに分けられる。最下部にはユニット①の灰黄色の細粒火山灰が堆積している。層厚5～50cmと変化が大きいが、多くの場所で厚さ約10

cm。この部分は、噴火した噴出物が風に運ばれ、直接飛来したものである。降下火山灰層という。下部の層厚4・5mのうちの大半は、ユニット②とされる白色細粒のガラス質火山灰層である。この部分は、吉田・尾崎（1986）では、さらに3つに区分されているが詳細は省き、一括する。コンボルート葉理と表現された激しい屈曲や変形などグニャグニャの構造が認められる部分として、ひとくくりにする。上部は新鮮なときは白色、風化すると黄灰色ないし灰黄色を呈する細粒火山灰の部分である。多くは砂混じりで、ときに亜炭層が挟まれる。

この火山灰をもたらした給源火山については諸説あるが、すべての見解を総合すると長野県北部、現在北アルプスがそびえる一角にあった火山（長橋ほか、2000）ということだ。大谷火山灰層のうち、直接降り注いだ部分は最下部の約10cmだけで、残りの約10mの火山灰層は水流により一気に流されてきたという。この話は言葉では理解できても、私にはどうしても想像できないのだ。

今日、長野県北部から常滑に到達するためには、最短でも次の経路をたどる必要がある。常滑から名鉄常滑線で名古屋駅に出て、次にJR中央本線に乗り換え松本駅まで行く。松本駅からは、JR大糸線に乗って信濃大町駅で下り見上げた北アルプスの峰々のどこかに給源火山が位置していたということになる。

この山の一角で、破局的ともいえる巨大噴火が発生した。おそらく大陥没を伴うカルデラ火山が爆発したのだろう。現在の河川では、そんなに長い流路を旅する川は存在しない。いったいどのような勾配でどのようなメカニズムを考えたら、常滑の大谷海岸まで10mもの火山灰層がたどり着くのだろう？

この想像をこえる運搬と堆積のしくみの一端が、コンボルート葉理を有する火山性堆積物（図14）そのものに秘められているという。こうした堆積物を、ハイパーコンセントレイティッド流と呼んだのは、中山・吉川（1995）である。高密度洪水流と日本語訳される。一定の粒径、とくに粒径の揃った細粒堆積物と水とが混じり合った状態で堆積物が運搬されるとき、びっくりするほど多くの物質が運搬されるという。土石流に似るが、土石流は大小さまざまな大きさの粒子を同時に運搬するため、これとは異なる。いわば、あんこや片栗粉のような粒子のみを選択的に運搬するような流れらしい。こうした現象が、大谷火山灰層の運搬に際し起こったことにより長野県からものすごい量の火山灰が押し寄せたということだ。火山灰運搬時や堆積時に大地震が頻発した可能性もあり、まだまだ解明しなくてはならないことが多い謎の露頭である。

図 14　コンボルート葉理が発達して激しく波打つ火山灰層

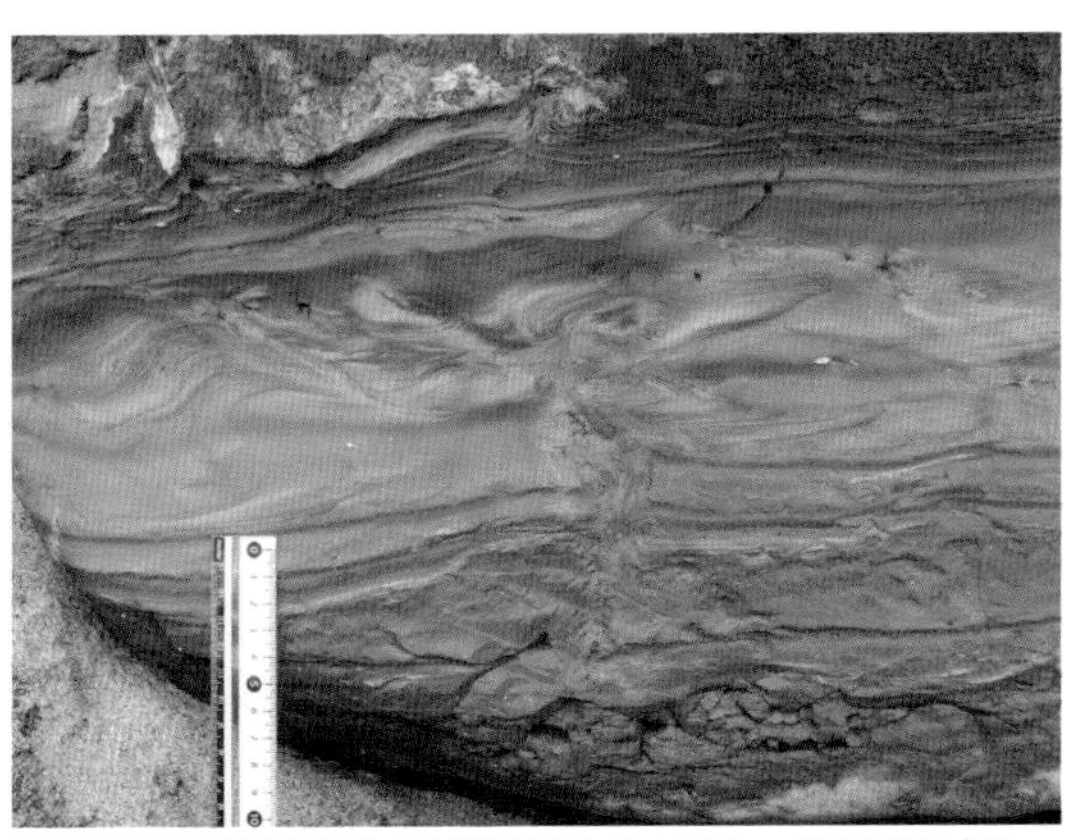
図 15　羽状構造を伴う液状化層（二村光一氏写真提供）

＊＊＊

大谷火山灰層下部のグニャグニャの構造が認められる堆積物中に、写真のような不思議な泥質砕屑岩脈が見つかった（図15）。これは、明らかに液状化痕である。地震を想定するのが一般的だが、上部に加重が加わり間隙水圧が上がることでも液状化は起こる。写真と簡単な報告文が、専門誌「地球科学」にフォトとして掲載された（二村ほか、2023）。炭化植物片を含む暗灰色シルト層が液状化し、上位の白色葉理が発達した暗灰色シルト質火山灰層に貫入しているのだ。上部がハネを広げたような形状を呈しているのが、とても珍しい。同じ層準にはさまざまな変形構造を伴う火山灰質シルト層が数多く認められる。

❻ 伊勢の海のランドマークだった古墳列

◉あま市

愛知県あま市の蓮華寺（図16）は、真言宗の古刹である。弘仁9（西暦818）年、弘法大師空海が開いたとされる。戦国時代の武将・蜂須賀小六の菩提寺としても知られる。寺内の金剛界曼荼羅や木造仏頭、法華経などは愛知県の文化財、庭園は県の天然記念物に指定されている。境内には古木がうっそうと茂り、また木曽川の流水の作用で形成されたとする良好な自然堤防が残存する場所として、蓮華寺寺叢は愛知県自然環境保全地域の第1号に指定されている。

図16　蜂須賀小六の菩提寺・蓮華寺

境内を北に進むと奥の院と呼ばれる一角がある。なかに、標高11・8mの三角点の石標が設置されている。この丘が、木曽川の自然堤防の一部だという。にしては、高すぎる。蓮華寺寺叢は、木曽川水系の氾濫平野と三角州帯境界の氾濫平野域に位置している。地形図を見ると、周囲の標高はどこもゼロメートル、あるいはそれ以下である。河川の営みでつくられた自然堤防で、蓮華寺寺叢の三角点の標高を上回るには10km北方の一宮市周辺まで行かないとない。

一方、蓮華寺が位置する蜂須賀付近には、「塚」という文字の地名が多い。蜂須賀から東3kmにはあま市富塚、南西約1kmには津島市青塚、北へ約3kmには稲沢市梅須賀の地名を見つけることができる。塚や須賀は、墓を意味するのではないだろうか。

考古遺物の存在は、さらに重要な情報を提供する。蓮華寺の東か

図17　二ツ寺神明社古墳と目されるあま市の村社神明社
氏神さまを祀った神社は、農耕儀礼とともに地域で大切に守られてきた。春の田植え、夏の虫害や台風被害、無事米が収穫できた秋には、そのお礼を兼ねて氏神さまに報告するのである。神社が位置する場所をたずねると、それは地域を治めた豪族のルーツ（古墳）と結びついていることが多い。大水で流されないよう、遠くからでも見えるよう、古墳は一般住家よりも高所に築き、永くあがめられてきたのである

ら南東にかけての地域は、古くより土器散布地として知られる。1970年代、区画整理作業が進められると、田んぼの中から多くの土器片が出土した。蜂須賀遺跡である。遺物は、弥生時代中期を皮切りに平安時代前半まで連続し、2世紀後半と5世紀の土器が突出して多い（湯浅ほか、1990）。古墳時代初頭と古墳時代後期のものである。

航空写真や出土遺物をもとに、蜂須賀遺跡周辺の古墳をみる。蓮華寺東方800m稲沢市南麻績に麻績冨士社古墳、その東900mあま市東溝口に築山古墳、さらに東950mあま市二ツ寺には二ツ寺神明社古墳（図17）がある。蜂須賀遺跡から南西1・8㎞の愛西市千引には、三角縁神獣鏡三面が出土した奥津社古墳が位置してい

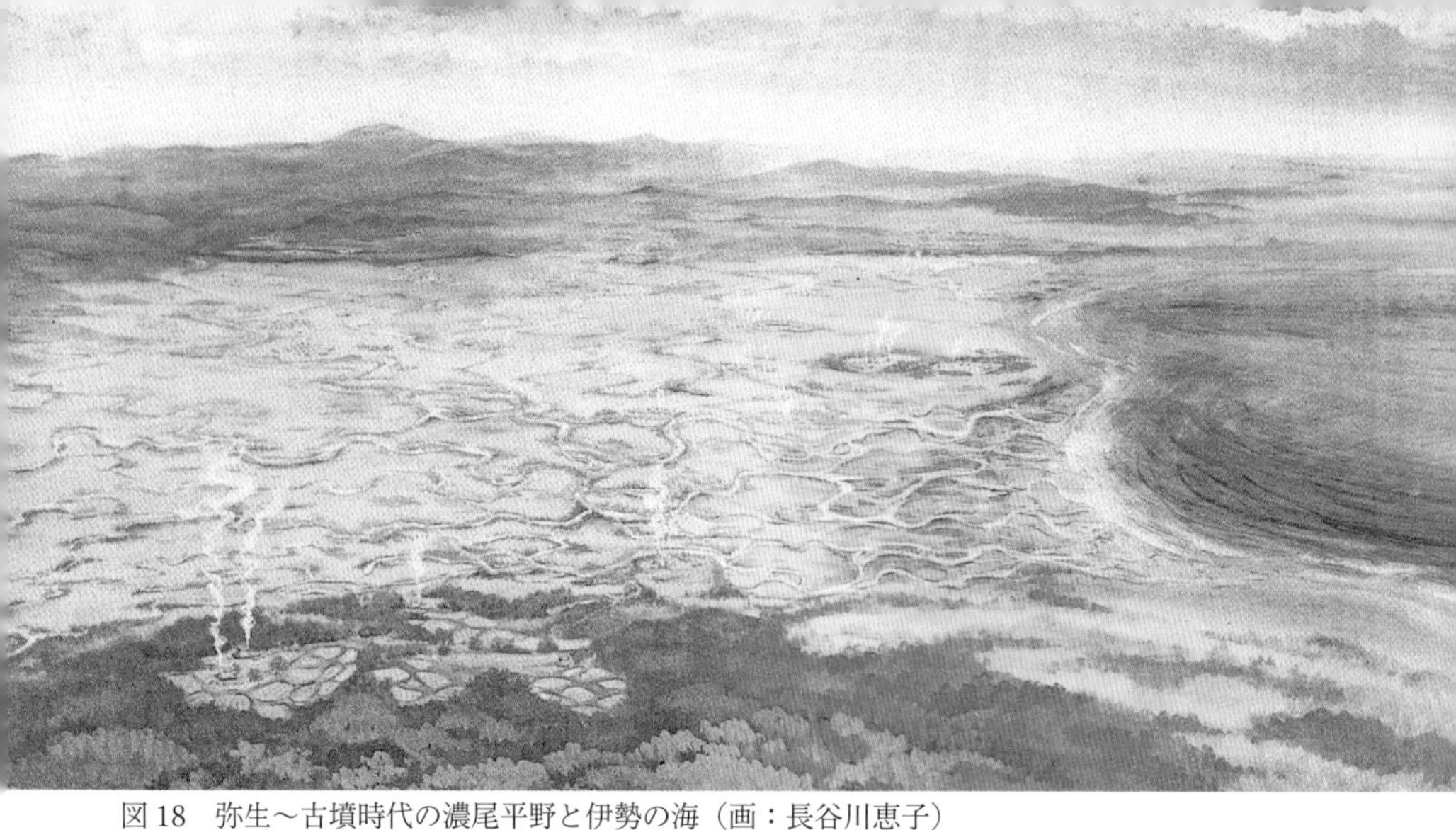

図18　弥生〜古墳時代の濃尾平野と伊勢の海（画：長谷川恵子）
「朝日遺跡の変遷」（森・長谷川、1992）より

る（赤塚、1992）。蜂須賀遺跡周辺は、まさに古墳銀座なのである。名鉄津島線の線路は、清須市の須ヶ口駅を出るとまっすぐ西に延びているが、古墳銀座はほぼこの沿線上のやや北側に位置している。この部分は、弥生時代〜古墳時代の海岸線だったと考えられる（図18）。

そして、蓮華寺寺叢より北西方へ約3・1㎞の稲沢市平和町須ヶ谷周辺には、弥生時代中期のころの拠点集落だった一色青海遺跡が位置している。一色青海遺跡の現在の標高は、わずか2m。遺跡は北西から南東方向に延びる微高地上に立地していて、それがゆえに遺跡の北側には微高地を乗り越えられなかった河道が西から東へ大きく屈折しながら流れていた。弥生時代から今日までの濃尾平野における地盤沈下や、弥生冷涼期の相対的海面低下を考えれば、2mの高さは十分意味のある高低差だったことだろう。

一色青海遺跡からは、東日本最大級とされる巨大な掘立柱建物跡が見つかっている。桁行が17・6m、梁行が5・1mあったとされており（愛知県埋蔵文化財センター、2008）、同時代の奈良県田原本町唐古・鍵遺跡の大型建物跡の規模が桁行13・2m、梁行6・0mであることを考えれば、一色青海遺跡の建物がいかに巨大だったか想像できよう。一色青海遺跡からは、弥生時代中期の絵画土器が見つかっており、この土器の表面には赤色に着色された6頭のシカの絵が描かれている（図19）。

唐古・鍵遺跡は国の史跡に指定されていて、弥生時代のきわめて重要な勢力が支配していた拠点集落だったことが知られており、大型建物跡には多層式の楼閣が復元されている。一色青海遺跡の巨大建物跡には、唐古・鍵遺跡をしのぐような象徴的な建物たとえば当時の伊勢湾を行き交う舟のランドマークの役割を果たす建造物がそびえていたのではないだろうか。

なお、発掘担当者は、この建造物を大規模な集落を統合するシンボリックな巨大穀物倉庫と考え、遠くからもその巨大さを望むことができるランドマークとしての機能があったのではないかと書いている（愛知県埋蔵文化財センター、2008）。そもそも、一色青海の「一色」には港とか船着き場の意味があり、「青海」は文字通り青い海をさす言葉である。一色青海遺跡の位置する「一色青海」が、いったいいつの時代の情景をいった地名なのかわからないが、大変興味深い地名であることは間違いない。彩色土器の出土からみても、一色青海遺跡は文化度の高い人々が居住する伊勢の海きっての港湾都市だったことが考えられる。

というわけで、蜂須賀は「八塚」に由来し蓮華寺寺叢の三角点の高まりは、弥生時代に引き続き古墳時代のころの海ぎわを東西に延びる古墳列の一つだったのではないだろうか。その事実を知ったら、はたして蜂須賀小六は八塚小六を名のっただろうか。

図19　シカ絵画土器（稲沢市一色青海遺跡、愛知県埋蔵文化財センター写真提供）

❼「アンモナイトの約束」その後

◉犬山市

　犬山市の栗栖でアンモナイトの化石が発見されたのは、1951年のこと。当時、小学生だった子どもが遊んでいて、偶然拾ったものという。愛知県におけるアンモナイトの発見は、それ以前もそれ以降もない。たった一回かぎりのことだった（図20）。

図20　犬山市栗栖で小学生が見つけたアンモナイト化石（名古屋大学博物館所蔵資料：筆者撮影）

　この化石は、やがて不幸な結末を迎えることになる。その原因の一つは、子どもが遊んでいて偶然拾った、ということがそもそも当時の研究者に疑いをもって見られたのだ。地層の中から、せめて地学の勉強に訪れた大学生の手で、この化石が見つかっていたなら、また別の運命をたどったのかもしれない。

　この化石はたった一つだけ、それもあんなにも大きなアンモナイト化石だったにもかかわらず、続報がまったくなかったこと。そして今さら言うまでもないことだが、この化石の最大の不幸は、化石発見が地球科学の進展に比して早すぎたことだった。当時の学問が、まだ十分成熟していなかったのだ。

　化石発見当時はもちろん、その後長い間、犬山の地に中生代の地層など分布するはずがない、というのが地球科学の常識だった。高校の教科書は当然のこと、大学の専門家においてさえ、犬山の地層は秩父古生層と一括され、フズリナやウミユリなどを産する周辺の石灰岩と同じ時代にたまったものと信じられてきた。

　犬山の地が、日本だけでなく世

界に知られる地質研究のモデルとして、一躍脚光を浴びるようになったのは、アンモナイト発見から30年以上の月日が流れた1980年代のことである。化石を発見した小学生は、化石が正しく評価される前に、すでに亡くなっている。こうした事情は、『アンモナイトの約束』（森、2015）として記述したとおりである。

図21　木曽川左岸栗栖地区の河床に現れたチャートのしましま

アンモナイトが見つかった栗栖の地を、その後訪れた地球科学者、化石コレクター、地学クラブの高校生は、枚挙にいとまがない。筆者もその一人である。しかし、小学生が見つけたとされる露頭を求めて谷を分け入っても、残念ながらアンモナイトはおろか生物化石の断片すら見つけることはできていない。本当に偶然、たった一つだけ地層中に紛れ込んだアンモナイトだったのだ。

栗栖の地は、最近、化石とは別のジオスポットとして地学研究者の人気を集めている。木曽川は栗栖付近で大きく左に曲がるため、木曽川の右岸を強く侵食し、結果として栗栖一帯は堆積の場となって川岸に砂礫や砂などが多くたまる。川岸に土壌層が発達すると、その上に植物が生い茂って河床が見えにくくなる。

　木曽川が大増水したのち栗栖に行ってみると、植物や土壌層が激しく剥ぎ取られ、見事なしましまの地層が顔を出すようになった（図21）。赤や緑の厚さ約5㎝のしましまは、チャートと呼ばれる生物的堆積岩。おびただしい放散虫の遺骸が集積したものだ。しましまを作るのは、放散虫が繁殖した温暖期と寒くなって放散虫が生息しなくなり宇宙塵や大陸から運ばれた微細な粒子のみがたまる寒冷期とが交互に繰り返された結果である。それが著しく曲げられたり断層で断ち切られたりしている。そこに石英脈が貫き、白色のコントラストをつける。見事な露頭に、しばし圧倒される。アンモナイトが生活した1億7000万年前の中生代ジュラ紀のころ、日本と遠く離れたパンサラサの海でのできごとである。この時期に存在する陸地は、唯一の超大陸「パンゲア」のみだった。

図22　猿啄城展望台から眺めた木曽川河床と栗栖山地

　栗栖の地で、チャートのしましまを十分楽しんだのちは、次は対岸の岐阜県坂祝町の猿啄城（さるばみじょう）跡展望台に登るとよい。猿啄城は、1565（永禄8）年、織田信長の美濃攻めの折り、攻略されたという山城である。そこが素晴らしい展望なのだ。木曽川がどのように流れ、そして木曽川河畔のどの部分にしましまの地層が露出しているか、まるで手にとるように眺めることができる。小学生がアンモナイトの化石を見つけた栗栖の谷も一望のもとだ（図22）。

＊＊＊

２０２２年9月20日のこと、この本の共同執筆者である田口一男さんから、電話があった。名古屋市守山区の東谷山を望む庄内川の河原にアンモナイトのような印象がついた大きな砂岩があるという。

さっそく行ってみた。大きさは１㎝程度と小さなものだったが、たしかに形はアンモナイトに似ている（図23）。ハンマーを持っていなかったたし、そもそも化石が入った母岩があまりにも大きく、どうすることもできなかった。台風接近が報道されていたので、母岩ごと流されてはいけないと思い、二人で橋の橋脚の横までやっとの思いで運んだ。台風が去ったら、重機を依頼し採集すべく手配していた。

２日後の9月22日、日本列島に接近した台風15号は静岡県に大雨をもたらしたが、東海地方の雨はそれほどでもなかった。水位が下がったのち庄内川を訪れると、その石はすでに失われていた。ああ、まぼろしのアンモナイト。

図23　庄内川河床の砂岩礫に認められたアンモナイト化石？（写真は高さ10m以上の橋の上から撮影しているのでボケている）

❽ 家康と戦った一向一揆の拠点にいたムシ

◉安城市

安城市野寺町の本證寺（ほんしょうじ）は、徳川家康と戦った三河一向一揆の拠点だった寺院である（図24）。１５６３（永禄６）年、桶狭間の戦いで三河に戻ったばかりの家康の軍勢は、本證寺に立てこもった門徒衆や僧兵たちと激突した。

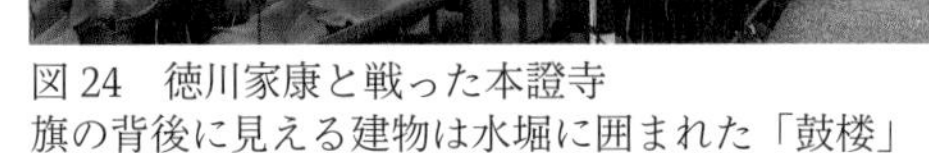

図24　徳川家康と戦った本證寺
旗の背後に見える建物は水堀に囲まれた「鼓楼」

本證寺は浄土真宗大谷派の名刹で、鎌倉時代後期に慶円によって開かれたとされる。歴代住職は小山姓を名のり、現在の住職・小山興圓は25代目にあたる。小山氏の始祖は小山政光より歴史に刻まれ、源頼朝挙兵のおり政光の子朝光・朝政・宗政の三兄弟が頼朝のもとに馳せ参じ平氏追討に武功をあげた関東武士だった。

本證寺に行ってみると、本堂は今も四角形の堀に囲まれており、戦国期には庫裏の周りにも堀があり、さらにその外側に東西約３２０ｍ、南北約３１０ｍの外堀が巡らされている。外堀の断面形態にはＶ字形のものと、その上部に掘削された幅広い緩傾斜のものの二つがあり、出土遺物等から前者は戦国期（16世紀前半）、後者は江戸時代後期（18世紀後半〜19世紀前半）のものとされている（安城市教育委員会、2021）。外堀の内側に構築された土塁や空堀は今も健在であり、戦国のころ本證寺がこの地域の寺社を束ね戦闘に備えた城郭寺院だったことがうかがわれる（図25）。

寺域の一角で、２０２１年発掘調査が実施された。戦国時代に寺の西側エリアがどのようになっていたか確かめるためである。東西方向におよそ30mにわたってトレンチを掘り下げると、深さ1・5～2・0mの部分に広範囲にわたって灰白色シルト層が認められ、その下位約50㎝の深さまで暗灰色の粘土層が分布することが明らかになった。粘土層の分布は2つのタイプがあり、皿状に広範囲に認められるものと、鋭角にV字形に切れ込んだ溝状タイプ。前者は沼または湿地だったと考えられ、後者は防御のための薬研堀（やげんぼり）が想定されている。発掘作業の過程で見つかった考古遺物より、沼も堀も中世ないし戦国期のものであったことが確かめられている（安城市埋蔵文化財センター、2023）。

　発掘担当者が沼であったと考えた遺構の発掘調査中、発掘作業にあたった作業員さんが粘土層の中に緑色に輝くムシのハネに気づき、3試料それぞれ約12kgを採取し、水洗選別されたものが筆者のもとに届けられた（図26）。

　試料には、計266点の昆虫片が入っていた。頭部や胸部片・ハネや脚など、すべて体節片に分離しているので、266点は266頭の昆虫の存在を示すものではない。

　こうしたバラバラに分離した昆虫片を、1点ずつそれがどの昆虫のどの体節片にあたるのか、色や形、大きさや表面の模様、点刻な

図25　本證寺境内に今も健在の空堀
本證寺本堂の西側に認められるV字形の空堀。鋭く尖ったV字形の堀の形態は城郭用語で「薬研（やげん）堀」と呼ばれる。堀の底と周囲との差は現在2mほどだが、半分以上埋まっているとされ、戦国期には5m近くの薬研堀が構築されていた。

図26　筆者のもとに届けられた昆虫サンプル

どを手がかりに識別するのが筆者の仕事である。昆虫考古学ひと筋35年の経験は、こうした場面で威力を発揮する。

作業員さんが見つけた緑色のムシのほぼすべては、ヒメコガネの体節片であった。２６６点のうち、計２３９点がヒメコガネに同定された。では２３９点の中に、いっ

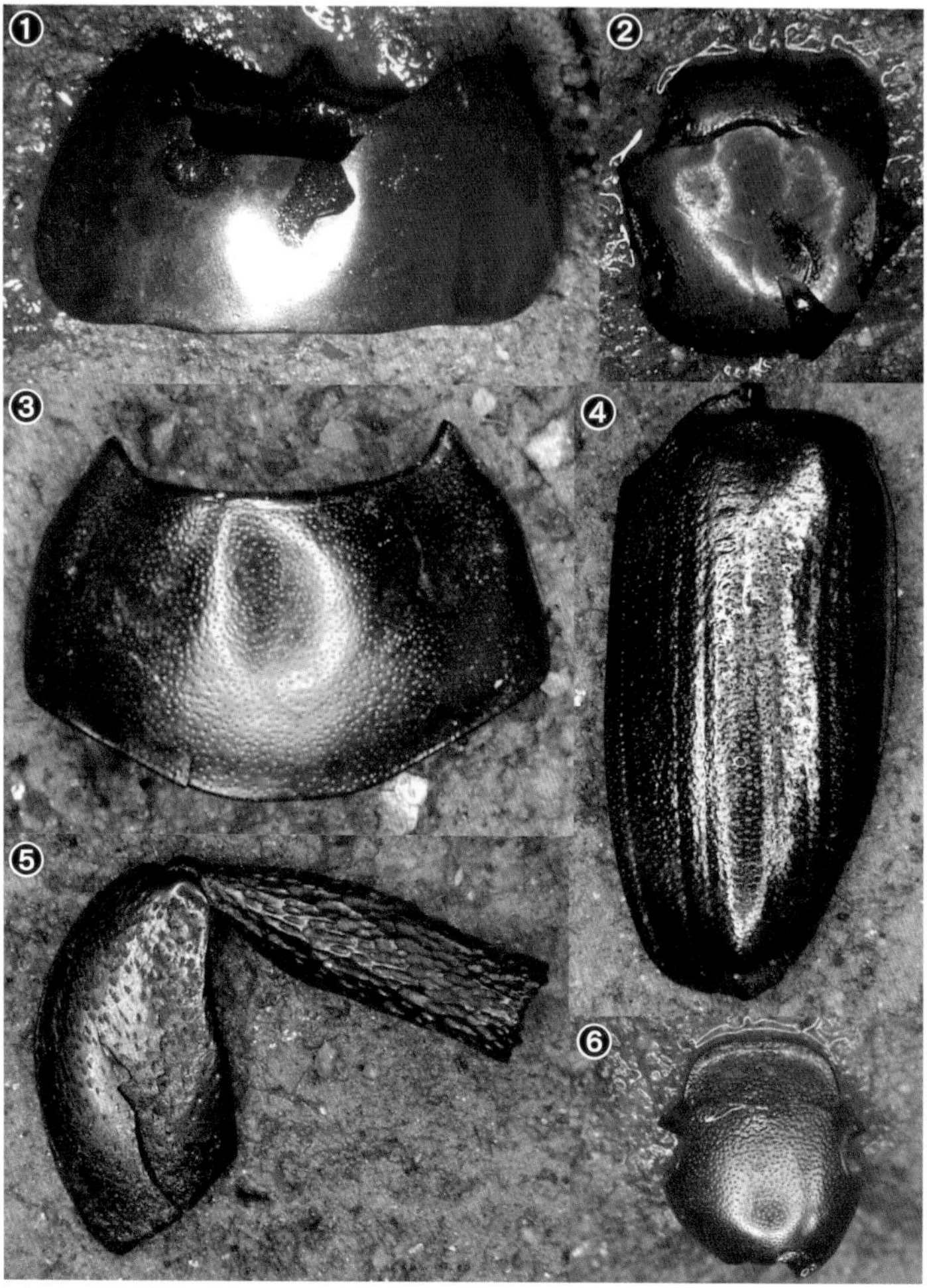

図27　本證寺の発掘現場から発見された昆虫の顕微鏡写真
❶〜❷　ガムシ（湿地性の水生昆虫）
❸〜❻　いずれもヒメコガネ（畑作物を加害する食植性昆虫）

写真では畑作害虫のヒメコガネと湿地の存在を裏づけるガムシの体節片を示しているが、このほか貯蔵された穀物を加害するコクゾウムシ、立てこもった僧兵たちの排泄物や生活ゴミに集まる糞虫類・ゴミムシの仲間なども見つかっている。

たい何頭のヒメコガネが含まれるのか？　この問いに答えるには、一つの部位に着目すればよい。右上翅のみについて計数した結果、ヒメコガネの最少個体数は計19頭。本證寺試料266点の中には、少なくとも19頭のヒメコガネが含まれるとわかったのである（図27）。

試料採取され、分析に供された分だけで19頭いたとすれば、本證寺境内にはその100倍、いや1000倍のヒメコガネが生息していたと考えても多すぎることはない。この数は、年一化性のヒメコガネが羽化し、成虫になったとする単年度における個体数を想定したものである。

言うまでもなく、土坑や堀周辺には、複数年のヒメコガネの遺体が累積し数を増すことも十分考えられるが、捕食されたり分解されたり流出したりして失われ、ある場所に生活した生物種の個体数は試料採取して得られた見かけの個体数よりはるかに多かったことは容易に想像できる。つまりは中近世のころ、おびただしい数のヒメコガネが本證寺境内に発生していた、と言いたいのである。

中世のころ、愛知県一宮市大毛（おおけ）沖（おき）遺跡や春日井市松河戸（まつかわど）遺跡（森、1999）など、日本各地でヒメコガネやドウガネブイブイなど畑作昆虫が多産することが知られる。中世における山林開発とともにヒトの居住域周辺に畑作物や果樹など有用植物が植栽され、これに伴って食植性昆虫が人里環境に移動し畑作害虫化したのだ。

一方、土の中からは止水域にのみ生息するガムシの体節片が確認され、ほかに立てこもった僧兵が食べたコメにつくムシや糞虫なども見つかっている。

では、2021年、安城市埋蔵文化財センターによっておこなわれたトレンチ調査により何がわかったのか。止水域にのみ生息するガムシの存在から、そこに沼地のような停滞した水域が広がっていたことを、おびただしい数のヒメコガネの存在からは本證寺周辺に広く畑作環境が展開していたことがわかる。

およそ500年前、寺の西側は広域に沼状になっていて、家康軍が容易に攻めることができなかったこと、一揆勢が畑作物や穀類を十分蓄えていて士気が高かったことなど、戦国の世の昔ばなしをムシがそっと教えている（森、2023）。

⑨

私の学校ちょっと変なの？　熱田台地のヒ・ミ・ツ

◉名古屋市

図28　名古屋駅を西側から見た光景
新幹線はじめJRの鉄道線路は高い位置にある

1600（慶長5）年、関ヶ原の戦いに勝利した徳川家康だったが、いまだ豊臣家は健在だった。秀吉の子・秀頼をたよりに、大阪城を拠点に抵抗を続ける勢力は10万人にもふくれあがっていた。

豊臣方に備える防衛拠点の中心は、1609（慶長14）年、天下普請により築城を命じた名古屋城であった。名古屋城は熱田台地の北西端に位置し、城の北西は断崖、城の北側は沼地になっていて、敵から容易に攻められることのない難攻不落の城である。

愛知県清須市にあった清洲城は長らく尾張の中心であったが、清須の地はゼロメートル地帯にあり水害に弱く、1586（天正13）年の天正地震の際、液状化により壊滅的な被害を受けた。清須から名古屋への城下町の引っ越しは、低地から災害に強い熱田台地への高台移転の断行だったのだ。

では、名古屋城が建つ熱田台地とはいかなる台地であろうか。まずは、その高さについて考えてみよう。JR名古屋駅では、東海道本線や中央本線などの電車が駅のホームに入る際、高架になった線路の上を走る。線路が地上よりはるかに高いところに敷かれているのである。そのため名古屋駅を遠くから眺めると、ずいぶん高い位置に駅があるように見える（図28）。

　東海道本線の上り電車は、名古屋駅を発車すると尾頭橋（おとうばし）駅を経て次は金山駅に到着する。不思議なのは電車が金山駅に入る際、地下に潜るようになり地上を走る車道の下を電車が通り抜けているのである（図29）。次の熱田駅では、電車は地上を走る。中央本線の場合は金山駅を出ると、次は鶴舞駅に停まる。鶴舞駅では中央本線の電車は高架の上を走り、次の千種駅では再び掘割駅となっている。

図29　金山総合駅をホームにて撮影
電車の線路は地面を掘り抜いた地下にある

　こうしたややこしい駅の構造になっているのはなぜだろうか。それは鉄道線路の高さを一定に保つための工夫である。名古屋駅が位置する場所は低地、金山駅や千種駅は熱田台地の上に建設されていて、名古屋駅とはおよそ10ｍもの高低差を生じているのだ。

　愛知県瀬戸市から名古屋の栄に乗り入れている名鉄電車の場合、さらにびっくりするような感覚を味わうことになる。高架駅の大曽根駅から熱田台地の栄駅に向かう際、電車は地中に掘られたトンネル内を走り抜け、途中の東大手駅で下りる明和高校生は地下ホームから地上駅に出るまで多くの階段を登らなければならない。

　熱田台地の高さを一目で確かめることができる場所がある。名古屋市熱田区にある白鳥庭園である。１９８９年に世界デザイン博覧会が名古屋市で開催された際、「日本庭園」として整備された場所である。堀川側から庭園に行くとき、御陵橋という橋をわたる。この橋から東方を見ると、道路の背後に断崖のように高くなっている台地がある。この台地こそ熱田台地である。熱田台地と白鳥庭園の間は段丘崖になっていて、この高さすなわちおよそ10 mが熱田台地と低地との高低差なのである（図30）。

低地と台地両者の間に位置する名古屋市立宮中学校は、敷地内に大きな段差を生じている。生徒諸君は低地に建つ校舎からグランドに出るとき、坂と階段を上り下りしなければならない。グランドが

図30　御陵橋から眺めた熱田台地
西側にはおよそ10 mの崖を生じている

図31　熱田台地を掘削して作られた名古屋城の堀
堀の両側に見えるのは熱田層の上部層（主に砂層）

熱田台地の上にあるからである。
熱田台地の上に立つ名古屋城は、周囲に整備された城下町を含めると広大な面積となり、名古屋市役所や愛知県庁・愛知県警察署など多くの公共建造物がかつての名古屋城下に建設されている。このエリア内で開発が進められるたび、名古屋城三の丸遺跡の名で発掘調査がおこなわれ、その結果、熱田台地を作る地形面と熱田台地を構成する堆積物についての研究が進展した（図31）。

熱田台地を作る地層は、熱田層と呼ばれる。上層と下層に区分され、上層は主に木曽川が運んだ砂層、下層は泥質堆積物よりなる海成層である。上層はおよそ3万年前のもの、下層は5〜13万年前の海進期の地層である。後者の海進は熱田海進と呼ばれ、関東地方では下末吉海進に対比される地球規模で生じた温暖期の堆積物である。

伊勢湾岸道路建設にあたり、濃尾平野南部の地下地質を把握するため、海部郡飛島村などでオールコアボーリングが実施された。1990年のことである。オールコアボーリングとは、地下の地盤の硬さを知るためのボーリングではなく、堆積物研究のために実施するボーリング調査である。この過程で、深度102mまでの堆積物がもれなく回収され、熱田層がどこにどのように堆積しているか研究することが可能となった。

「熱田の海」は、12万8000年前から11万5000年までの、およそ1万3000年間継続した海域をいう。内湾の海はおよそ1万年間続いたが、後半3000年間は黒潮影響下の外洋水が流入する深い海域に変化し、その後、急速に埋め立てが進行したことが珪藻分析により明らかになった（森、1996）。

余談だが、私は愛知県立熱田高等学校を卒業した。学校行事のたび校歌を歌ったが、それが印象に残るとても良い校歌だった。萩原井泉水作詞、團伊玖磨作曲「光あり　海広く雲開け　和やかに朝至る　あかねさす熱田なる　若人の望みなり」と、「熱田の海」を歌っている。いったい、「熱田の海」とはどんな海をいうのであろう。高校時代ずっと考え続けていたが、飛島ボーリングを調べそれが少しだけわかった気がした。

⑩

タコの体そっくりの流痕

◉南知多町

図32　不思議な流痕が観察できる海岸

その不思議な流痕が見つかった場所は、愛知県南知多町豊浜の海岸である。「まるは食堂」の名で知られる、知る人ぞ知るエビフライがうまい店の駐車場から南へ下りた海岸部。満潮のときは海水をかぶるが、海食台の上にあるため干潮時をねらえば今も観察可能である（図32）。

そもそも流痕とは何か。侵食作用で形成された堆積構造をさす言葉であるが、流れが下位の底質面を侵食する場合、流れの強さやその持続時間、基底の材質などによって、侵食を受ける底質面にはさまざまな形や大きさの侵食構造（地形）が形成される。堆積物重力流の基底面に形成されるものを底痕（ソールマーク）といい、そのうち流れで形成された侵食構造を流痕という（図33）。

ただし、ここで見つかった流痕は、よく見られるような流痕ではない。生物のすみか（生痕）をともなう流痕であり、それは生痕の周りを馬蹄形（三日月形）に削りこんでいて、とてもユニークな形なのだ（図34）。生痕をともなう流痕が、なぜこのような不思議な形態をしているのだろうか。最近公表された「愛知県知多半島、中新統師崎層群に見られる生痕化石をともなう障害物痕」という論文（二村・山岡、2024）をもとに解説する。まとめたのは、愛知県内で中学校長を務めた２名の地学教師である。二人は、長年にわたり知多半島の地質を調査している。

図 33　引き潮で小石の後ろに形成された流痕（二村光一氏写真提供）

知多半島に分布する師崎層群は、下位より日間賀層・豊浜層・山海層・内海層に区分されている。今回、二人が調べたのは豊浜層にあたる。

流痕が見られる堆積物の年代は、含まれる浮遊性有孔虫や珪藻化石により約１７００～１８００万年前、流痕を生じた水深は貝化石や底生有孔虫化石からの情報により漸深海帯とされている。漸深海帯とは水深約２００ｍの大陸棚より深く、深海帯（水深３０００～６０００ｍ）に至る海域をいう。

次に、生痕をともなう流痕について、具体的にみてみよう。写真34は、生痕をともなう流痕（障害物痕）を真上から見たものである。「タコの頭と足」のように

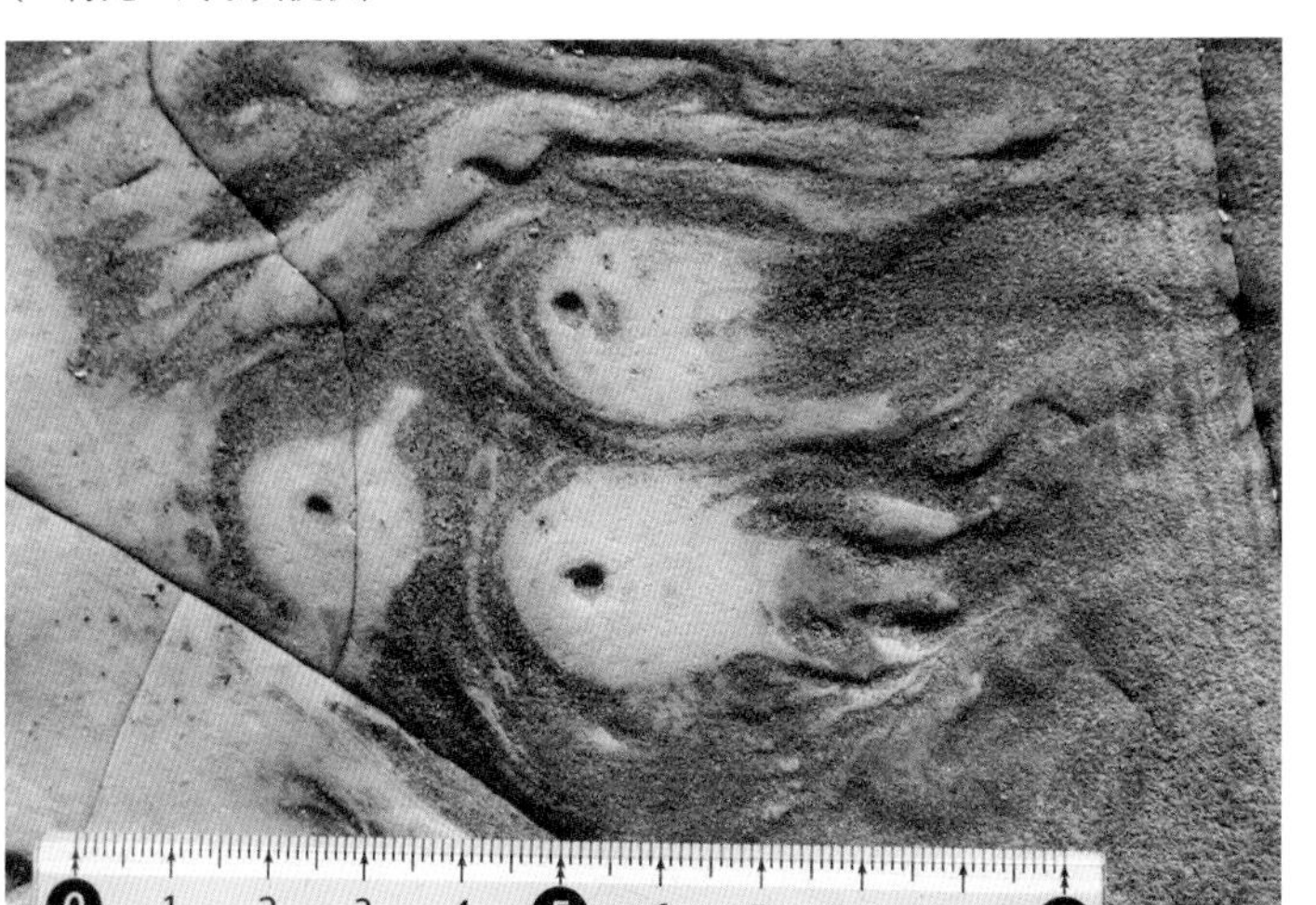

図 34　タコの体そっくりの流痕（二村光一氏写真提供）

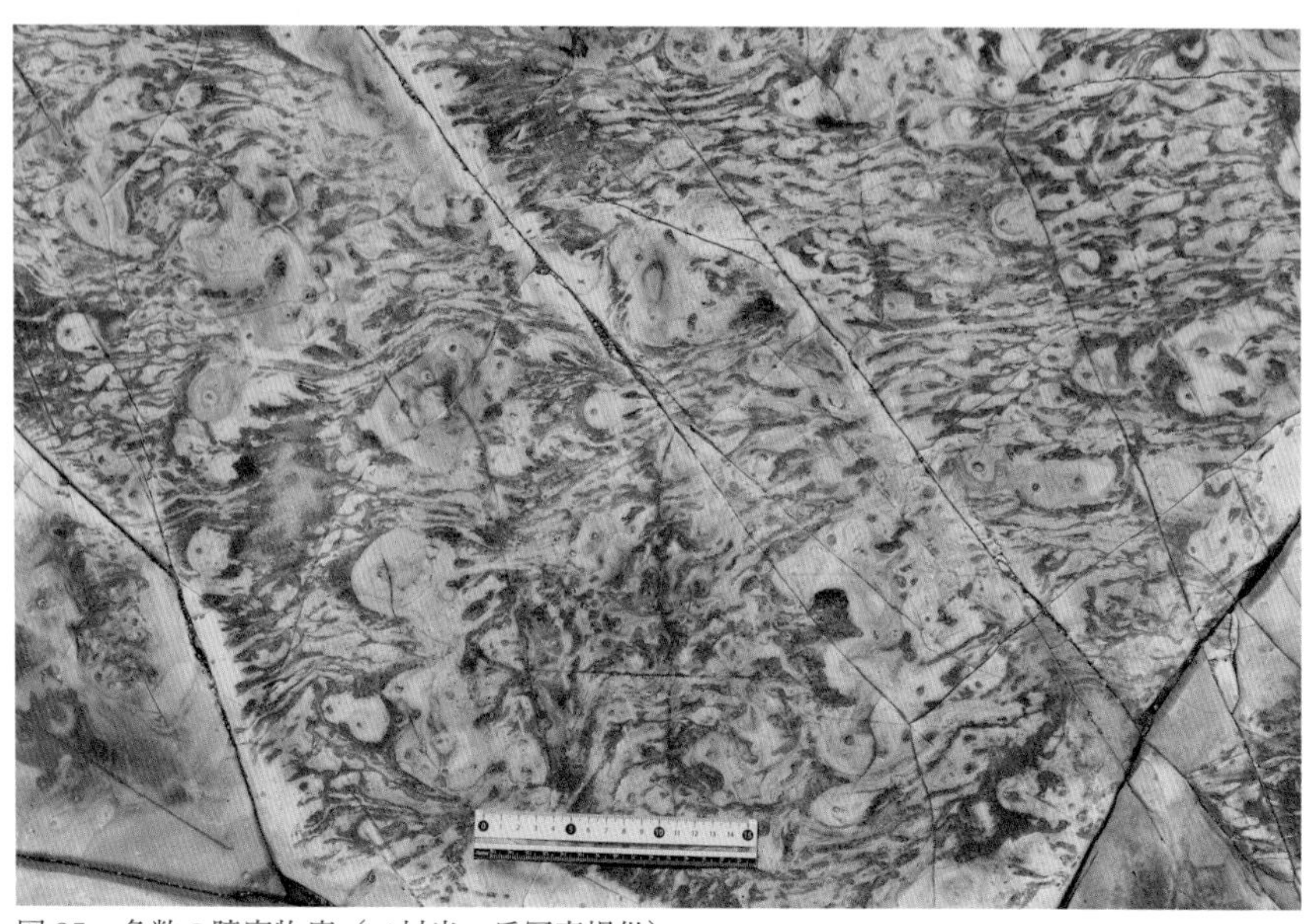

図35　多数の障害物痕（二村光一氏写真提供）

見えるのが障害物痕である。「タコの頭」にあたるのが底生生物の巣穴（生痕）であり、少し凸になっていることから、筆者らはこれをマウンドと呼んだ。マウンドは、生物が生活した住まい痕そのものではなく、削り残されて生じた高まりである。マウンドの周りには、馬蹄形の溝や尾根を生じている。この部分が、「タコの足」に相当する。障害物痕をつくっている堆積物は、表面観察および切断面の観察よりシルト岩ないし泥岩とされている。また「タコの足」の溝を埋める粒子は、中粒砂岩と報告されている（二村・山岡、2024）。スケールが添えられていることから、障害物痕の大きさは5㎝から10㎝程度と判断される（図35）。つまりは、生物がそこに生活したことにより生じた住まい痕がもとになって形成された流痕の大きさは、せいぜい10㎝ぐらいの大きさとみてよいだろう。言うまでもないことであるが、その大きさは生痕を形づくる粒子の大きさや硬さ、上を通過した流れの強さなどによって決定されたものと考えられるが、この形状が定まるには水圧や流れ下った堆積流（おそらくタービダイト）の大きさも関与したことだろう。

　この障害物痕の何がおもしろいか。形状の不思議さについて筆者らは、論文中でさまざまな図を用いて説明している。「タコの頭」が形成されるには、生痕形成者が生活するプロセスで、生物由来の粘液や棲管からにじみ出た成分などにより周囲の堆積物を硬化させるしくみが働いているらしい。

豊浜海岸に見られる馬蹄形の溝や尾根の形状は、モデル実験で得られた礫や貝殻などの障害物周りの水流が乱されて生じる溝や尾根の形態に類似しているという。しかし、これが障害物痕とするなら、馬蹄形の溝や尾根の内側のマウンドに礫や貝殻などの障害物が残っていなくてはならない。ここではそうした障害物は認められず、マウンド内にあるのは生痕（巣穴）のみであることから、生痕形成者あるいは生痕の周りの少し硬くなったところ（ハローと呼んでいる）、またはその両者が障害物となった可能性が高い、と筆者らは考えた。

ハローは、不思議なほど見事な円形を呈するが、これが水平的にも断面形のうえでもほぼ正しく円形になるのはなぜか、「タコの足」の広がりが頭の部分と同じ幅だったりこれより広がっていたり狭くなったりしているのはなぜか。柱状図を見ると、海底に何度もタービダイト性の流れが押し寄せたように見えるが、障害物痕が認められるは一層準だけなのか、それとも複数層準にわたるものなのか興味がつきない。

タービダイトでは、その頭部で侵食を生じ、つづく流れ（腹部や尾部）で堆積が始まるとされている。つまり、この障害物痕はタービダイトの頭部が到達し、腹部や尾部が到達するまでの侵食継続時間中に形成されたものであるらしい。その条件が異なれば、生じる障害物痕の形状もまた異なったものになったことが考えられる。

この場所における障害物痕の密度は1㎡あたり400個にも及んでいる（二村・山岡、2024）。シルトで構成された底質面が形成されたのち、侵入した生痕形成者がそこを独占的に占拠しコロニーを形成した状況がうかがわれる。そののち、中粒砂を含むタービダイトが南南西から流れ込んだのだろう。その結果、生痕形成者や生痕が障害物となってマウンドの周りに馬蹄形の渦流を生じ、「タコの足」に似た溝や尾根が形成されたのである。やがて、それらは直上の中粒砂に埋積され、現在見られるような生痕をともなう障害物痕が保存されたと考えられる。

二村・山岡両名が書いた論考を読んで、そのエッセンスを紹介した。論文そのものは14ページに及び、とても難解な内容が多々綴られており、はたして私に論文の中身を十分紹介できたか不安が残る。

論文を紹介しつつ、私は、「タコの頭や足」の並ぶ方向が、きわめて重要な事実を教えていることに気づかされた。著者が書いている内容を、以下に原文のまま記載する。

三日月状侵食痕は従来から古流向の推定に有効であり、馬蹄形（三日月形）の凸部方向が上流側とされている。本報告の三日月状侵食痕は、馬蹄形の凸部を約S15°Wに向け、マウンド両側から伸びる細長い溝や尾根は、S15°W－N15°E方向の定向性を示すことから、約S15°W方向から約N15°E方向への古流向が推定される、と述べている。

私たちは循環水槽で魚を飼うとき、循環水が流れ落ちて水流が発生すると魚たちは必ず水流に頭を向けて泳ぐことを知っている。頭を上流側、しっぽを下流側に向ける。きっとこの生痕をつくった底生生物たちも同じであろう。

これは、南知多町豊浜の海岸部に堆積した師崎層群の堆積物が、この場所より南南西に位置した陸地（？）から運搬されたのではないかという、何とも不思議な事実を示唆している。古地磁気を調査している愛知教育大学の星博幸も、2021年に発掘調査した深海生物化石を包含する山海層が、知多半島沖を北西－南東方向に延びる内海断層の活動によりもたらされたタービダイトであると書いている（Hoshi and Matsunaga, 2024）。

従来、新第三紀中新世に属する師崎層群や一志層群・設楽層群などの地層は、プレートの沈み込みにともなって生じた海溝（トラフ）の前面に発達した堆積盆（前弧海盆）に運ばれたタービダイト性堆積物とされてきた。

両論考は、従来想定されてきた北から南へ運搬されたタービダイト性堆積物であるとする考え方に一石を投ずるものである。

＊生痕をともなう障害物痕は、国内のみならず海外の文献でも知られていない大変貴重なものである。障害物痕が失われないよう何らかの保全が必要である、と筆者らは訴えている。

【城石垣を見て回る①】

家康誕生の城――岡崎城

●岡崎市

図1　岡崎城復興天守

NHK大河ドラマで徳川家康を取り上げたので、岡崎城は一層身近な存在になった。1873～1874（明治6～7）年に城郭は取り壊され、天守も解体された。今ある復興天守は戦後、1959（昭和34）年に木戸久の設計により鉄筋コンクリートで復元されたものである（図1）。元来の天守は、1617（元和3）年、本多康紀によって築かれたもので、望楼型三重天守で南に付櫓、東に二重の井戸櫓をもつ複合式天守であったという。家康は1543（天文11）年生まれで、1560（永禄3）年から、本拠を浜松城に移す1570（元亀元）年まで家康の本城とされた。その後、岡崎城には長男の信康が入り、1590（天正18）年の家康の関東移封までは、徳川氏の支城として、石川数正、本多重次が城代として入れ置かれた。石川数正が豊臣秀吉方へ出奔した際、城内の機密漏洩を防ぐため、改修工事がおこなわれたことが記されている。その後、岡崎城には、豊臣秀吉の家臣である田中吉政が入城する。この吉政によって近世岡崎城と城下町の基礎がつくられ、天守が築かれたと言われている。その後天守は江戸時代に修造、再築された。このような岡崎城の変遷を見ると、家康が城主だった当時は石垣も天守もなかったし、豊臣方の田中吉政が近世岡崎城を築いたというのも面白い。

城石垣を見て回るには、岡崎市教育委員会社会教育課から「岡崎城跡石垣めぐり」というリーフレットが発行されているので、活用するとよい。

2016（平成28）年に菅生(すごう)川端石垣調査がおこなわれ、全長約400m、高さ5mに及ぶ石垣（図2）が確認された。この石垣の築造年代は文献資料から本多忠利(ただとし)により、寛永（1624〜1643）年間に始まり、1644（正保元）年に完成したことがわかっている。今は護岸工事で整地されてしまっているが、発掘時にはすだれ加工がなされたり（図3）、刻印のある（図4）石材が見られた。石垣石材は領家(りょうけ)花崗岩類の岩体の一つである武節(ぶせつ)花崗岩である。この花崗岩の特徴は、花崗岩にゴマのように見える黒っぽい鉱物の黒雲母以外に白雲母を含んでいることである。光が当たるとキラキラ輝いてみえる（図5）。間詰石(まづめいし)の中には領家変成岩類が見られた。石垣石材の中で風化して亀裂が入り、いわゆる〝亀甲石〟となっている花崗岩を見つけた（図6）。このような風化形態をもつ石垣石材は天守台（図7）などでも見られる。天守台石垣（図8）は、自然石を使った野面積(のづらづみ)で大きさが不揃いの石材を用いていて横方向に整ってい

図2　菅生川端石垣

図3　すだれ加工された石材

図4　刻印のある石材

図5　武節花崗岩の岩相

図６　“亀甲石”風化の花崗岩石材

図７　天守台石垣の“亀甲石”

ない乱積である。城石垣の隅角部は大きな石材を用いて、「算木積」という石材の長辺と短辺を互い違いに積み上げるのが普通に見られる。慶長期以降に完成した技法と言われるが、この天守台石垣ではまだ算木積は使われていない（図9）。古い石垣といえる。

　いくつかの石垣で積み方の違いを見てみよう。

図８　天守台石垣

図９　天守台石垣隅角部

　図10は、本丸多門櫓台石垣である。自然石を利用すると石材の間に隙間が多くできる。その隙間を埋めるため河川礫を間詰石として使っている。野面積・乱積である。図11は、本丸南西石垣で左側と右側で積み方が違うことに気づく。左側は野面積・乱積であるが、右側は割石を用いた打込接・乱積である。また、図12は本丸大手口

図11　本丸南西石垣

図10　本丸脇多門櫓台石垣

図12　本丸大手口石垣

石垣である。ここではすだれ加工した石材が整形されて隙間がなく、切込接（きりこみはぎ）・乱積という技法で積み上げられている。このように岡崎城石垣は「神君誕生の城」として、石垣補修を何度もなされて、譜代の家臣が城を守ってきた。

　東岡崎駅近くの上空デッキ上に25歳当時の巨大な家康騎馬像がある（図13）。ピンチをチャンスにして、天下統一と平和な世の中を作り上げた郷土の英雄の姿から、困難に立ち向かい、人生を切り開いていってほしいという願いが込められているという。

図13　若き徳川家康像

【城石垣を見て回る②】

木曽川に佇む古城——犬山城

◉犬山市

図1　木曽川と犬山城

　木曽川をライン川になぞらえ、「日本ライン」と呼んだのは岡崎市出身の地理学者、志賀重昂である。1914（大正3）年に木曽川下りを楽しんだ折、美濃加茂市から犬山市までの木曽川中流域の風景を「日本ライン」と名づけた。犬山城の別名は「白帝城」。江戸時代の儒学者、荻生徂徠が李白の漢詩「早発白帝城」から名づけたという。そんな情景が見事にまであてはまる（図1）。

　現在、残っているのはこの小さな天守と石垣だけだが、現存する天守では最古のものと言われ、国宝になっている（図2）。よく、知られていることだが、犬山城は1903（明治36）年から2004（平成16）年までの101年の間、個人所有の城であった。現在は公益財団法人・犬山城白帝文庫が所有者である。

図2　犬山城国宝天守

　1537（天文6）年に織田信長の叔父にあたる織田信康がこの

地に城を移したことに始まる。その後、城主が変わるが、1584（天正12）年、小牧・長久手の戦いで秀吉方の池田恒興（つねおき）によって落城し、豊臣秀吉が一時入城する。1600（慶長5）年の関ヶ原の戦い以後は、徳川方の城となり、1617（元和3）年、徳川秀忠から尾張藩付家老（つけかろう）の成瀬正成（まさなり）が拝領し、城主となる。以後、1871年の廃藩置県により廃城になるまで、9代にわたって成瀬氏が城主であった。1895（明治28）年の濃尾地震で天守と西面北端の付櫓や城門の一部が倒壊する。天守修理の費用の捻出が愛知県として難しく、成瀬家に修理と管理を委託することで譲与された。成瀬家は以後、3代にわたって個人所有することになる。1959（昭和34）年の伊勢湾台風で屋根瓦や漆喰壁などに大きな被害を受けたことから、1961年から1965年まで全面解体修理をおこなった。天守台石垣もこの時に一部石材を取り換えて修復されたという。

天守台石垣（図3）石材を見る

図3　天守台石垣

図4　チャート

図5　美濃帯砂岩

図７　天守から東の眺望

図６　黒雲母花崗岩

と、その多くがこの城山に露出するチャート（図４）であるが、美濃帯砂岩（図５）や黒雲母花崗岩（図６）も使われている。石垣石材として使われている岩石は、犬山近郊のものである。美濃帯砂岩は対岸の鵜沼や明治村、リトルワールド近くに露出しており、黒雲母花崗岩は、入鹿池近くの尾張富士付近に露出している。図７は天守から東を眺望したものだが、中央の高い山がチャート、その横の低くなっている部分は美濃帯砂岩が露出している。また、右側の平坦な地形は新生代の地層が分布している。このように地形の起伏や山体の形状から、ある程度、分布している岩石や地層、断層などの地質情報を推定することができる。

　本丸に入る前の鉄門の石垣（図８）は、落し積（谷積）で築かれていることから近世に補修されたと思われる。隅角部の石材は、チャートではなく美濃帯砂岩を用いている。チャートは同じような規格で割り取ることが難しいため、隅角石には向かない。その左側の石垣（図９）は野面積・布積で鏡石も使われている。ここでも隅角石は砂岩を

図８　鉄門石垣

図9　鉄門横の石垣

図10　矢穴をもつ砂岩隅角石

用いており、矢穴で割り取っている石材も見ることができる（図10）。
対岸に中山道の鵜沼宿があったが、ここで採石されたのが、「鵜沼石」と言われる美濃帯砂岩である。石亀神社（図11）に隣接して石切場があった。ここは尾張藩の御止山（おとめやま）となっていて、ここから切り出された石材は尾張徳川家の墓標に使用されていた。名古屋市千種区の平和公園に徳川宗春（むねはる）公墓碑（図12）があるが、これもこの「鵜沼石」が使われているという（佐藤・横山、1986）。

図11　石亀神社

図12　徳川宗春公墓碑

【コラム】御嶽山は全山ホルンフェルス（愛知県）

愛知県日進市岩崎町に御嶽山と呼ばれる小山がある。長野県の霊峰・御嶽山をまつる祠があり、御嶽信仰の愛知県版のような山である。標高は131mとそれほど高くないが、周囲が宅地化されて平坦な分、山地としての形状を十分保った山といえる。御嶽山の奥の院が位置する最高所には三角点があって、標高133・9mの標石が立っている。

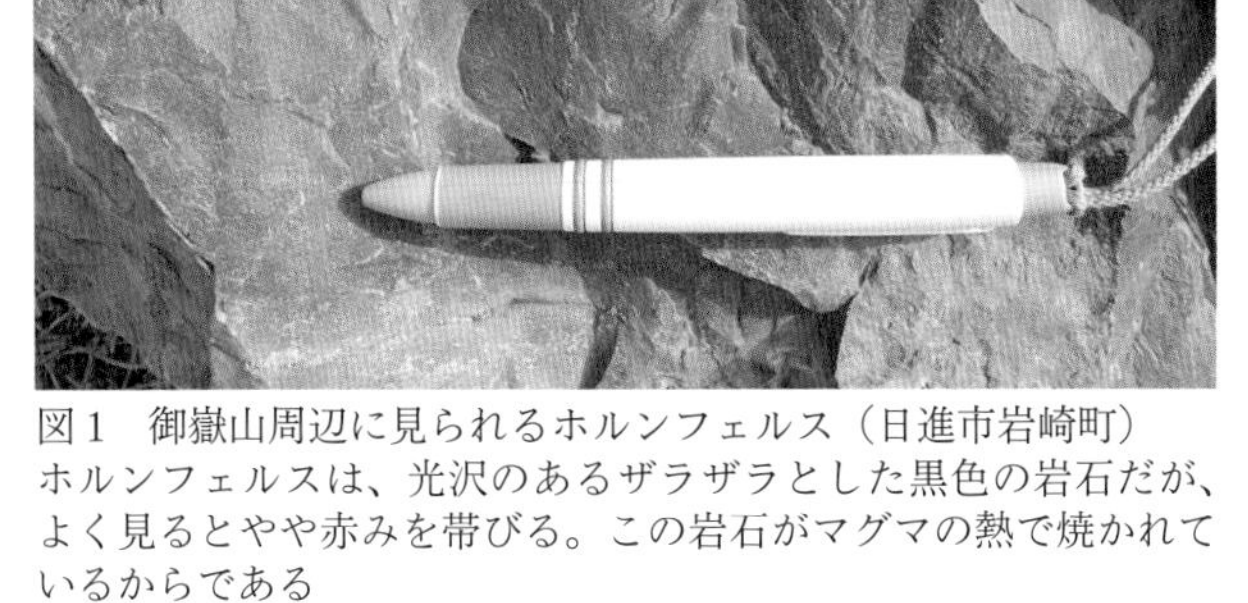

図1　御嶽山周辺に見られるホルンフェルス（日進市岩崎町）
ホルンフェルスは、光沢のあるザラザラとした黒色の岩石だが、よく見るとやや赤みを帯びる。この岩石がマグマの熱で焼かれているからである

この山体が、不思議にも全山接触変成岩として名高いホルンフェルスで構成されている（図1）。ホルンフェルスとは、砂岩や泥岩など低温条件下の水底でたまった堆積岩類が、高温のマグマと接触してできた熱変成岩である。「ホルン」は水牛の角、「フェルス」には岩石の意味がある。語源は、水牛の角のように緻密で固いことに由来するという。緻密で固いホルンフェルスだが、長い間風雨にさらされると意外にもろく、風化の進行は早い。

御嶽山の登山道を歩いてみると、ホルンフェルスが風化して土壌化した黒っぽい粘土が随所に露出していて、雨のあとに御嶽山に登るとよくすべる。

このホルンフェルス、中生代ジュラ紀に堆積した付加体起源の堆積岩がもとになったものである。それを知るには、御嶽山南方の「菊水の滝」付近の地質が参考になる。滝壺付近の岩石はホルンフェルスだが、女滝とされる南に隔たった水場は、非変成の砂岩・泥岩で構成されており、また道路を挟んで西側に位置する弁天池の周りにはチャートが分布している。これらは美濃帯に属する付加体の岩石と考えられる。

では、御嶽山にみられるホルンフェルスは、いったいどこの

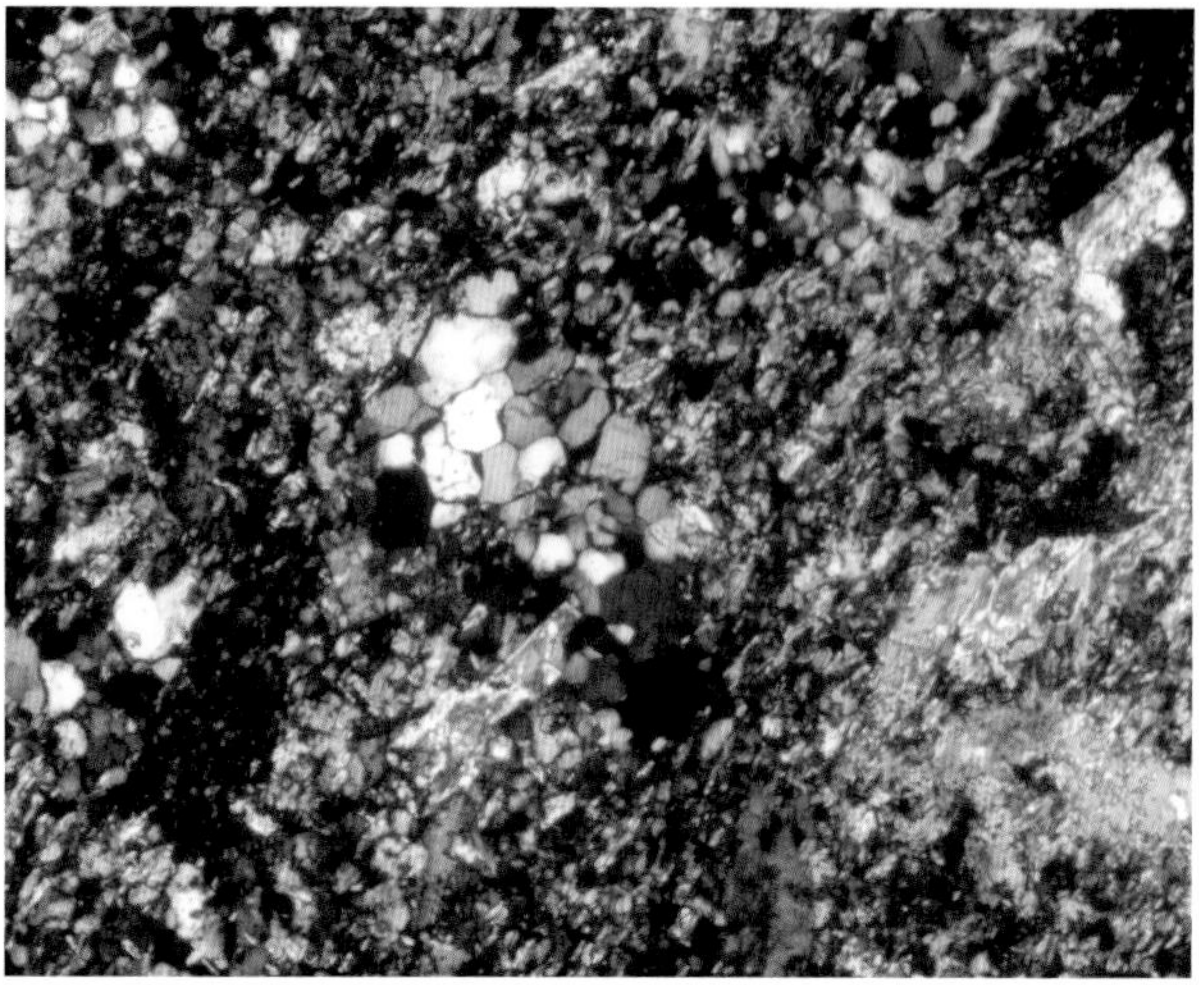

図２　ホルンフェルスの顕微鏡写真。写真中央に見えるソロバン玉のような鉱物は接触変成鉱物の菫青石

マグマに焼かれたのであろうか。日進市の北東14㎞に標高６２９ｍの猿投山がある。この山をつくる岩石は花崗岩である。生成年代は中生代末のおよそ７０００万年前のものとされている。花崗岩は、いうまでもなく高温のマグマから生じた火成岩の一種。

付加体の岩石である砂岩や泥岩・チャートなどは、中生代ジュラ紀の海底に堆積した堆積岩類である。時代は1億５０００万年前ころのものと推定されている。その後、高温のマグマが貫入してきた。伊奈川花崗岩と呼ばれる猿投山をつくる火成岩である。その名は、長野県木曽郡大桑村の伊奈川流域にみられる花崗岩体に由来する。中生代最後の時期の後期白亜紀の大規模火成岩体である。

あとは地質時代の地下深所で起こったできごとを、想像力を働かせ思いをめぐらせてみよう。

海底に堆積した砂岩や泥岩は、冷たい海の中でたまった堆積物。その横に高温のマグマが侵入してくれば低温条件下でつくられた岩石が影響を受けないはずがない。御嶽山のホルンフェルスを薄くスライスし顕微鏡で見ると、変成鉱物として知られる菫青石が確認される（図２）（森・宇佐美、2015）。この鉱物は、堆積岩がマグマの熱に焼かれ、低温火傷を負ったことを示す指標鉱物なのである。

【コラム】知多クジラは新属・新種のマッコウクジラ（愛知県）

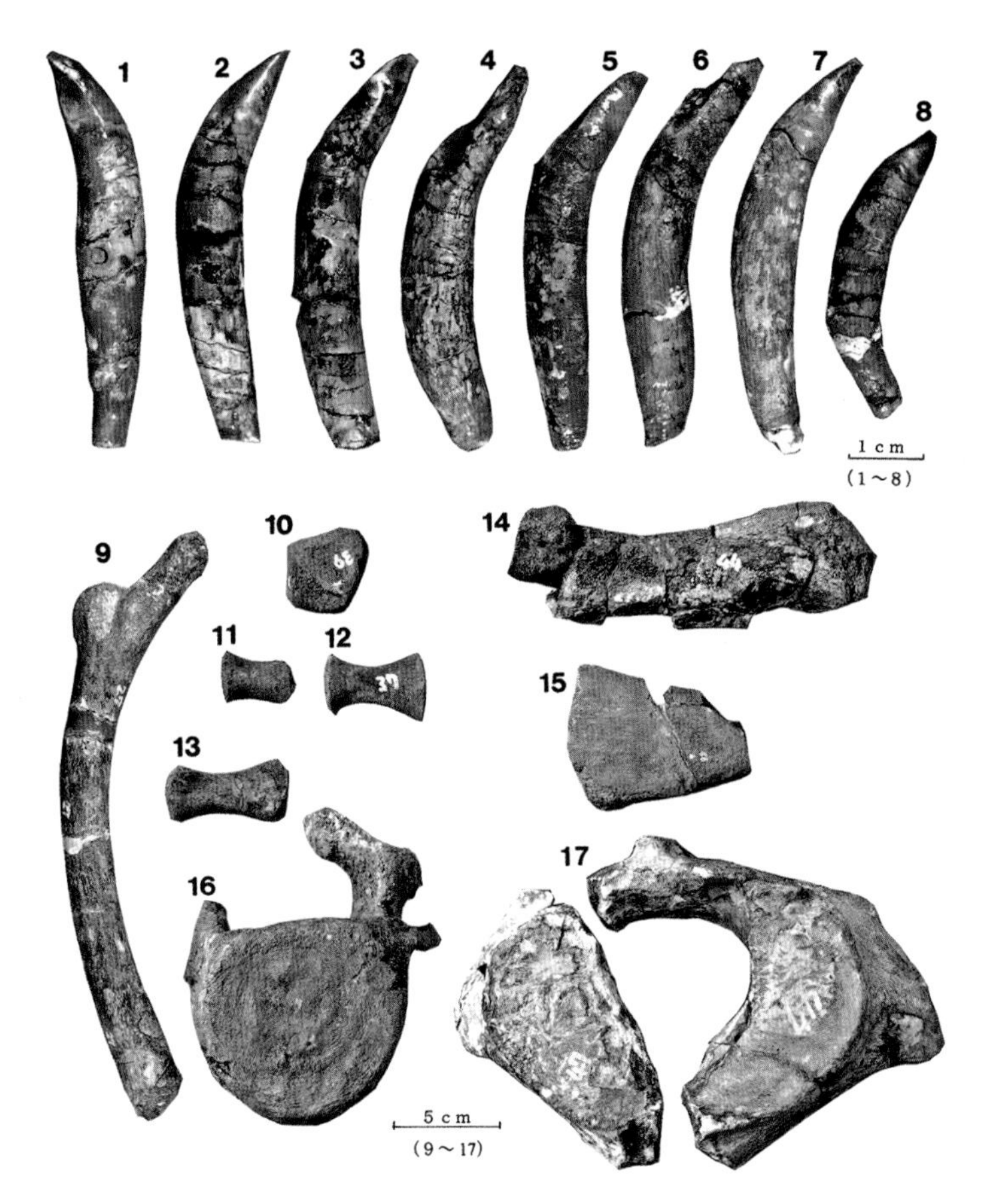

図1　南知多町から発掘された知多クジラ
1～8は歯の化石（著しい咬耗が認められる）

「知多クジラ」が見つかったのは、1984年のこと。この年、津島高校地学部の新入生歓迎巡検の行き先は、南知多町豊浜の知多クジラ発掘現場だった。発掘には、新入部員6名を含め地学部員計23名が参加した。知多クジラ発掘調査団の団長は当時、津島高校地学部顧問だった私が務め、事務局長を津島高校を卒業し中学校の理科教師となっていた箕浦敏久さんが担当した。予備発掘が5月13日、本発掘が1984年7月21日から4日間実施された。

2回の発掘で、頭蓋骨や歯・脊椎骨・肋骨など計50点以上、ほぼ一体分のクジラの化石が掘り出された。その簡単な報告は1993年にすでになされている（知多クジラ発掘調査団、1993）。特徴的だったのは、多数発掘された歯の化石である（図1）。屈曲した鋭い歯の側面や先端部に、著しい「咬耗」が認められたことは驚きだった。この化石を見るまで、私は咬耗なる言葉の意味を知らなかった。咬耗とは、鋭い歯の持ち主が、獲物を逃がさないよう強く噛むあまり、上下の歯が激しくぶつかり合って歯が磨り切れたり欠損する現象である。

　知多クジラには、すべての歯で咬耗が確認された。この歯を見るだけで、化石が今日のマッコウクジラとは異なり、両顎に鋭い歯を有するコマッコウやイルカのようなライフスタイルのクジラであると想像された。しかし、まだこの段階では、頭骨の形態についての研究が進んでおらず、化石の真の姿はわかっていなかった。

　打開するため、発掘された頭の部分を含む岩塊を群馬県立自然史博物館に運び、そこに勤務する木村敏之学芸員と長谷川善和名誉館長のチームのもとに調査・研究を委ねたのである。その成果が、２０２２年1月に発表され、知多クジラが新属・新種のマッコウクジラであったことが明らかになった。体長は４・６ｍと推定されている。与えられた名前は、マイオフィセター・チタエンシス。「翼状骨洞」と呼ばれる頭蓋骨のくぼみが非常に大きい点など、これまで得られた化石にはない特徴があり、知多クジラは今日のマッコウクジラが深海の高い水圧に適応するため耳の構造を進化させていったプロセスを示す過渡期のクジラであったことがわかったのである（Kimura T. and Hasegawa Y., 2022)。

知多イルカ発掘調査団では、当初南知多町豊浜から発見された骨や歯の化石をイルカの化石と考えた。そのため、１９８４年当時、唯一イルカの化石として報告され、詳細な図や写真のあるシナノイルカ（長野県「六文銭真田の聖地は深い海の底だった！」参照）と比較しようと試みた。しかし、南知多標本の歯がシナノイルカと比べて巨大で咬耗が認められ、体の大きさがイルカサイズを超えることなどから、南知多標本はイルカではなくクジラと考えるようになり、調査団の名称も「知多クジラ発掘調査団」と改めた。このころ、長野県四賀村（当時）産のカミツキマッコウの存在は知られていなかった。

三重県

❶ 菰野町3つの宝

◉菰野町

三重県北部に位置する菰野町。この町の人が誇りに思っていることが3つある。「城のある町」、「湯の出る町」、そして「シデコブシ咲く町」。いずれも菰野町の大切な宝物。

今の菰野町には城はないが、江戸時代、菰野藩1万2000石の大名土方氏の居城があった。初代藩主は土方雄氏。その正室は、織田信長の次男織田信雄（のぶかつ）の娘で「八重姫」と呼ばれた。八重姫は織田信長の孫にあたる。菰野城は、12代雄永が明治2（1869）年廃藩に至るまでの270年間、藩主の転封や移動がなく土方氏の居城であり続けた。これは長い江戸時代を通じて大変珍しく、誇るべきことであった。

「湯の出る町」とは、この町の西方にそびえる鈴鹿山脈最高峰の御在所岳山麓から湧き出す湯の山温泉のことをいう。湯の山温泉はラドンをわずかに含むアルカリ単純温泉である。湯量は必ずしも多くなく、過去には4回の涸渇があった。

菰野町は、「菰野石」という御影石の産地でもある。御在所岳も全山、御影石の山だ。御影石とは、墓石や灯ろう・建築材などとして利用する石材の名前である。岩石名を花崗岩という。花崗岩は風化に際し、直方体状に割れる。方状節理が発達しているからだ。そのため、御在所岳には「地蔵岩」（図1）とか「おばれ岩」などと名づけられた奇岩や巨岩があって、登山者の目を楽しませてくれる。鈴鹿花崗岩、正しくは等粒状黒雲母花崗岩である（原山ほか、1989）。菰野町から鈴鹿山脈を越え滋賀県へと延びる国道477号線いわゆる湯の山街道と、これと交差する国道306号線には、菰野石を加工する石屋さんが多い（図2）。

花崗岩は、岩石分類のうえでは火成岩にあたる。中学校の教科書にも、地下深所でマグマが冷え固まってできた深成岩の一種とある。そうなると、湯の山温泉は花崗岩

図１　御在所岳登山道に見られる「地蔵岩」（渡部壮一郎氏写真提供）。２本の方状節理の上に、立方体の花崗岩がのっている

図２　菰野石を加工して作られた石灯籠

の熱によって温められた温泉なのだろうか。そうではない。花崗岩の生成は、今から８００万年も前、地球上にまだ恐竜がいた時代のことだ。マグマの熱はとっくに失われており、温泉水を温めることはない。湯の山温泉を温めているのは、花崗岩そのものの熱ではなく地熱である。

湯の山のみならず、私たちの周りにごく普通にあって、誰もが知っている花崗岩の成因は、実はよくわかっていない。古くから論争の的になっていて、未だに決着がついていない。近年、花崗岩はマグマが冷却してできた火成岩ばかりでなく、地球が温まったり冷えたりする中で生じたマントルの溶融物、とする考え方が提唱されている。ホットプルームという核やマントルを巻き込んだ熱の移動が地球各所に起こり、湧き上がった場所に花崗岩ができる、というのである。花崗岩のできた時代に共通性があり、菰野石の年代も国内のみならず世界の花崗岩とよく一致するのは、そのためらしい。

現在の高校地学は、「地学基礎」とこの上位科目である「地学」に分かれている。地学基礎は2単位、つまり週2回の授業で履修させることになっている。2単位科目の地学基礎の教科書を開くと、中にプルームテクトニクスの考え方が紹介されている。プルームと呼ばれる塊状のマントル物質の動きをもとに、地球の変動を説明しようという考え方である。前東京工業大学の丸山茂徳らが提唱した理論で、アメリカ発のプレートテクトニクスの不完全性を補うものとして多くの地球科学者に受け入れられている。よくわかっていなかった花崗岩の成因を、プルームテクトニクスの考えですべて説明できるかどうかは未だ仮説段階だが、地球規模で起こるダイナミックなできごとを解明する理論として注目を集めている。

先に温泉水の熱源は花崗岩起源ではなく地熱であると書いたが、花崗岩中には放射性鉱物が多数含有されており、この中の放射性元素が壊変する過程で熱が発生する。つまり花崗岩そのものは熱くないが、放射性元素が持つエネルギーを含めて考えれば、湯の町菰野では、そこに花崗岩が存在することにより温かい温泉水が湧出するのである。

＊＊＊

菰野町のもう一つの誇りは、国指定天然記念物シデコブシの大群落が存在することである。町北部の田光(たびか)には106株400本のシデコブシが自生し、毎年3月末から4月にかけ、ピンク色の可憐な花をつける（図3）。シデコブシは、コブシ科の落葉小高木で、東海地方の湿地周辺にのみ分布することから、東海丘陵要素植物とも呼ばれる。菰野町の東海丘陵要素植物

図3　菰野町の宝「田光のシデコブシ群落」（菰野町コミュニティ振興課写真提供）

は、他にシラタマホシクサやミカワバイケイソウ・トウカイコモウセンゴケなどが確認されている。

田光湿地は、鈴鹿山脈のへりに分布する東海層群の粘土層を含む砂礫層と、河岸段丘礫層との間に生じた不整合面からしみ出す湧き水により涵養されている。現在、湿地東側の段丘面上には耕作地が位置しており、そこから流入する肥料分を含んだ浸透水による湿地の富栄養化が喫緊の課題となっている。菰野町では２０２２年より国の補助を受けて、田光湿地の保全と活用に向けての事業が動き出し、広大な面積の中に点在するシデコブシをいかに守り育て活用を図っていくべきか検討が本格化している。筆者も検討委員の一人であるが、早ければ２０２４年度中に木道が整備される予定である。

菰野町の３つの宝のうち、城のある町はすでに過去のものとなってしまったが、湯の出る町、シデコブシ咲く町については、いつまでも健在であってほしいものだ。

❷

偵察されていた東南海地震

◉尾鷲市／愛知県半田市

伊吹有喜は、三重県尾鷲市生まれの新進気鋭の作家である。伊吹を新進気鋭と評するのは、いまや適切ではないだろう。

伊吹は出版社勤務やフリーライターを経て、2008年に「風待ちのひと」でポプラ社小説大賞・特別賞を受賞して作家デビューした。その後、「ミッドナイト・バス」「彼方の友へ」「雲を紡ぐ」で直木賞候補。「雲を紡ぐ」は、第8回高校生直木賞を受賞している。母校の四日市高校がモデルの「犬がいた季節」は、新聞やテレビなどでもずいぶん話題になった。その伊吹が自身の生まれ故郷の尾鷲市を舞台に「灯りの島」を現在、「小説新潮」に連載中である。

第二次大戦中に軍港だったころの尾鷲と、戦後尾鷲湾が埋め立てられ火力発電所が建設されて、尾鷲が日本の戦後復興に貢献する様子が描かれる。

第二次大戦末期のころ、尾鷲湾には旧日本海軍の「熊野灘部隊」が配備されていた（図4）。1945年7月28日、連合国軍の空爆で尾鷲湾に集結していた艦船が完膚なきほどに叩きのめされ、沈められたり座礁させられたりした戦闘の詳細が記述される。その文章は、リアルで真にせまるものがあり、さすがである。「灯りの島」は、戦乱をくぐり抜け強くたくましく生きる主人公ハナの物語ともいえる。

尾鷲は、連合国軍の空襲の前年にあたる1944年12月7日に発生した東南海地震に伴う津波で大被害を受けている。地震直後、尾鷲湾にはおよそ10mの津波が襲来し、多くの家屋が流された。戦争中だったこともあり、被害の詳細は秘匿され、記録もほとんど残っていない。驚くべきことに、米軍は津波によって尾鷲の町や熊野灘部隊がどの程度損害を受けたか、事前に察知していた。地震発生3日後の12月10日には偵察機を飛ばし、上空から何枚も尾鷲軍港の写真撮影をおこなっている。その写

図4　天狗倉山から眺めた尾鷲湾と尾鷲漁港（尾鷲市商工観光課写真提供）

真のうち一枚が、今も米国公文書館に保存されている（小白井ほか、2006）。公開された航空写真には、内陸に打ち上げられた大型船舶が計5隻見てとれる（図5）。これらの船が軍艦だったかどうかはわからないが、地震発生からしばらくの間は、とても戦争どころではなかったことだろう。津波に襲われ陸上に打ち

図5　1944年東南海地震直後、米軍により撮影された尾鷲軍港

上げられた船舶は、大小55隻にのぼったという（尾鷲市中央公民館郷土室、1994）。

東南海地震による日本軍の軍事施設の被害状況について、攻撃を計画していたアメリカ軍にとって最大関心事の一つだったことがわかる写真がもう一枚ある。それは尾鷲と同じく米国公文書館で新たに発見された写真で、「愛知県史（別編自然）」に掲載されたものである（鈴木、2010）。

第二次大戦中、愛知県半田市には中島航空機半田製作所が立地し、海軍艦上攻撃機「天山」や艦上偵察機「彩雲」などを製造していた。東南海地震は、阿久比川河口部にあたる半田市に大きな震災の爪痕を残した。航空機製造工場が倒壊し多くの人命が失われたが、尾鷲同様軍事機密としてそれを話すことは厳禁とされ、被害の詳細は明らかになっていない。

半田空襲は、東南海地震が発生して半年後の１９４５年7月15日と24日におこなわれるのだが、米軍は空襲の10日前7月5日に偵察飛行を実施し、多くの航空写真を撮影した。地震からすでに半年も経過しているにも関わらず、海岸部の低地のあちこちに生々しい液状化の跡が確認できる（図6）。液状化跡は、写真南側に見られる田んぼと比べてほとんど変わらないほど大きく、直径２ｍを超える噴砂丘を多数生じていたことがわかる。米軍は、東南海地震で大きく損傷した航空機工場に情け容赦なく2日間にわたって爆弾を投下したのである。この時期、名古屋周辺では米軍機を迎え撃つ対空砲火などほとんどない状況下での一方的な戦闘だった。２回の空襲で中島飛行機半田製作所は壊滅的な被害を受け、半田市民や動員学徒・徴用工など少なくとも２６４人が死亡したとされている。

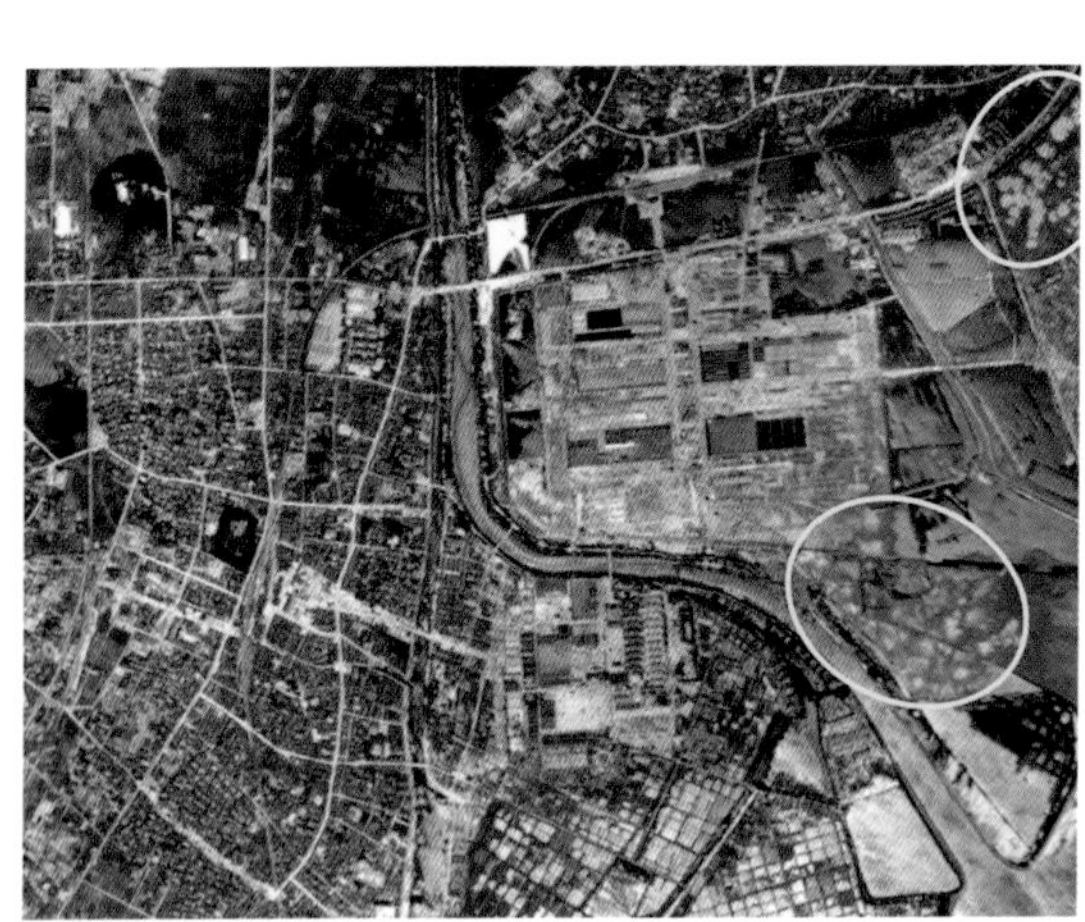

図6　東南海地震時に液状化が発生していたことがわかる米軍撮影の航空写真

❸ 隆起準平原の上に風車基地

◉伊賀市

隆起準平原。私はこの言葉を愛知教育大学の恩師木村一朗先生から学んだ。木村先生は第四紀学を専門とする地質学者だったが、同時に地形学者でもあった。

山の高さや河岸段丘の定高性について、正確でしかも驚くほど詳しかった。はじめて出かけたフィールドでも、どうしてそんなことがわかるのかと疑うほど、段丘面の高さについての見立ては正しかった。

今立っている段丘面の高さと、さっきまで車で走っていた段丘面は同じ高さ、つまりは同じ時代につくられた河岸段丘と考えてよい。水系が異なるのに、なぜそんなふうに断言できるのか、本当に不思議だった。木村先生の頭の中には、地形面の高さを測るスケールが備わっているのではないか、と思ったほどである。のちに、それは観察と経験に裏打ちされた地形学の根本原理であることを知った。

木村先生と近鉄電車で旅行したおり、先生は布引山地を指さして、私たち学生に隆起準平原の説明をされた。電車内であったにもかかわらず、である。以来、近鉄電車が津駅周辺を通るたび、私は西空を眺めるようにしている。いつ頃からだろうか。なだらかに連なる青山高原の山上に、風車が立つようになった（図7）。

三重県は南北に長く、北部から中央部にかけて鈴鹿山脈や布引山地が南北に連なっている。鈴鹿山脈は標高およそ1000～1200m前後、布引山地はこれより低く標高600～800mの山々で構成されている。

両者は、東西を複数の断層で限られた典型的な地塁山地の形状を呈していて、地質時代から今日に至るまで断層運動が何度も繰り返された結果、現在の標高となったものである。両山地とも東斜面の断層はとくに顕著であり、鈴鹿山脈では鈴鹿東縁断層帯（三重県、1996）、布引山地では布引山地東縁断層帯（三重県、1999）として連

図7　隆起準平原として知られる布引山地

続され、両山地の東斜面の急崖をつくる一因となっている。いずれも確実度ⅠおよびⅡの活断層である（活断層研究会編、1991）。

青山高原は、布引山地の南端に広がる平坦面をいう。布引山地では、青山高原スカイラインに代表されるような侵食小起伏面が、標高700～800mの稜線沿いに発達している。この小起伏面は布引山面と呼ばれ、隆起準平原としても知られる（木村、1994）。布引山地は北部の鈴鹿山脈とは異なり、地質時代のある時期、著しく削剥され平坦化したのち再び地殻変動で高所に持ち上げられた山地なのである。その形成時期については諸説あるが、一志層群堆積期（約1700万年前）より新しい（三重県立博物館、1991）とされている。

鈴鹿山脈は、北部で中生代ジュラ紀の付加体起源の石灰岩や玄武岩、砂岩・泥岩互層やチャートなどからなり、南部は主に中生代白亜紀の花崗岩類で構成されている。一方、布引山地では北部に中生代白亜紀の花崗岩や花崗閃緑岩、南部は中生代白亜紀の片麻岩類で構成されている（吉田ほか、1995）。布引山地の南部に片麻岩類が分布するのは、これよりおよそ25㎞南側に日本列島を横断する中央構造線が通り、布引山系が西南日本地質区内帯の領家変成帯と呼ばれる広域変成帯に属しているからに他ならない。

領家変成帯に属する片麻岩や花崗岩ないし花崗閃緑岩は、一般にはきわめて堅硬で支持基盤としての性質を十分に備えた岩石とされている。しかし、こうした片麻岩や花崗岩等は、中生代ジュラ紀のころ、ユーラシア大陸のへりに押しつけられ変形・圧縮されて生じた付加体起源の広域変成岩とみることができる。つまりは、相当激しい力が加わったのちの岩石が、今そこにあるのである。

広域変成岩の造岩鉱物は、主に石英と黒雲母・長石類で構成されている。三者は、結晶構造も粒径も硬度もそれぞれ異なり、そのため風化が進むと硬かった片麻岩や花崗岩類も容易にマサ化する。加えて、吉田ほか(1995)による地質断面図によれば、布引山体を構成する片麻岩や花崗岩類はブロック化し、片理面や節理等が著しく北傾斜しており、雨水等が浸透すると剥離しやすいのだ。そんな隆起準平原の上にわが国最密といわれる合計89基もの風車が設置されている（図8）。はたして大丈夫なのだろうか。

図8　青山高原の上に立つ風車群

④

誰が彫ったか40体の磨崖仏

◉津市

津市芸濃町楠原に、石山観音の名で知られる40体の磨崖仏がある。うち、次の3体は三重県の文化財に指定されている。阿弥陀如来立像は台座を含め約5m、石山観音の中で最大最古のものとされている（図9）。美術史家の見たてでは、鎌倉時代の作であるという。観音公園に入ってすぐのところに立ち、右手に錫杖、左手に宝珠を持つ像高3・24mの地蔵菩薩である（図10）。錫杖の様式などから室町時代初期までの作という。聖観音菩薩立像は、浄蓮寺の記録のなかに、「1848（嘉永元）年画工をして奈良唐招提寺の聖観音像を複写せしめ、巨巌に彫りつけた」とあり、由来を知ることができる。像の高さ2・52m。これら3体は、他の磨崖仏にくらべて格段に大きい。

図9　石山観音で最大最古の磨崖仏・阿弥陀如来立像
磨崖仏はクロスラミナの発達した粗粒砂岩に彫られている

石山観音の磨崖仏製作者は、どの石仏をとっても正確にはわかっていない。観音公園には、こうした大型の磨崖仏とは別に、西国三十三ヶ所札所の観音菩薩を模した磨崖仏が多数彫られており、これらを巡りながら右回りに一周する歩道が設けられている。

石山観音がある地域は、江戸時代の慶安年間（１６４８～１６５２年）より真言宗の寺院があり、この寺院が一帯を管理・支配してきたという。この場所は、京都や近江地方から伊勢方面に向かう旧伊勢街道の別ルートとして開発され往事はかなり賑わったらしいが、現在は閑散としている。石山観音のある地域は石山観音公園として整備され、主に楠原地区の人々により維持・管理されている。

図 10　室町時代の作とされる地蔵菩薩立像

石山観音公園周辺は、地質のうえでは鈴鹿層群上部の石山粗粒砂岩層が分布するエリアにあたる。石山粗粒砂岩層は層厚約２００ｍ、花崗岩質の中～粗粒砂岩で構成され、一部に礫岩や泥岩を挟んでいる。この下位に萩原砂岩泥岩互層が堆積しており、泥岩層からは淡水生の貝化石が見つかっている。また石山粗粒砂岩層の上位には姫谷砂岩泥岩層が重なっていて、その中から海生貝化石を多産する（吉田ほか、1995）。

石山粗粒砂岩層を含む鈴鹿層群の堆積年代については、対比できる示準化石が少なくまた年代測定も実施されていないため明確ではないが、新第三紀中新世前期、１６００～１７００万年前ころのものと考えられる。鈴鹿層群は、同じ三重県に分布する一志層群より古く、愛知県の師崎層群や岐阜県の瑞浪層群などよりも古いため、第一瀬戸内累層群と呼ばれる海成層のなかで最も早い時期に堆積が開始された地層なのである。

石山観音の磨崖仏を巡るにあた

り、筆者は磨崖仏がどのような岩石に彫られ、磨崖仏が刻まれた粗粒砂岩がどのような環境に堆積したものか調査した。

石山観音公園は小高い丘になっていて、丘の延びる方向がすなわち石山粗粒砂岩層の分布域と一致している。中に馬の背岩と呼ばれる堅硬な砂岩層が位置している（図11）。馬の背岩を含む砂岩層は南に向かって大きく傾斜していて、傾斜した砂岩層の上面に磨崖仏が彫られている。この砂岩層には明瞭なクロスラミナ（斜交葉理）が発達しており、砂岩層がさらさらと水流が流れる水深の浅い条件下で堆積したものと見てとれる（図12）。

また砂岩層には小礫から中礫サイズの亜円礫が集中する部分があったり、ところどころノジュールが観察されることから、砂岩層の堆積は陸地に近い海水中でおこなわれたものであろう。

磨崖仏が彫刻された砂岩層はよく円磨された粒ぞろいの花崗岩質砂で構成されていて、砂粒はそのほとんどが石英と正長石のみからなっている。

中新世のころ、石山粗粒砂岩層のもととなった花崗岩でできた岩体がどこかにあり、岩山を侵食したさらさらの砂が浅海に堆積したと考えられるが、その岩山が鈴鹿山脈であったかどうかはわからない。

図11　侵食に耐えて残った「馬の背岩」と呼ばれる砂岩層

図12　クロスラミナの発達した砂岩層

⑤ 日本最大級のコンクリーションと貝石山

◉津市

日本最大級のコンクリーション（ノジュール）は、津市一志町波瀬（はせ）の波瀬川河床から見つかった。直径は2・2mある（図13）。日本最大級と書いたが、はたしてこの大きさが本当にそうかどうかは、正式には確認できていない。炭酸塩起源のコンクリーションではなく、ドロマイト起源のコンクリーションは、秋田県男鹿半島の鵜ノ崎海岸に鯨骨が入った数メートルサイズのものがいくつもあるようだ（隅ほか、2023）。

図13　日本最大級と目される巨大コンクリーション

波瀬川河床の巨大コンクリーション、そこにコンクリーションがあると公的に認知されたのは2021年秋か、たかだかその一年前のことである。

ここに驚きの話がある。岩石の専門家で、三重県総合博物館学芸員歴20年の津村善博さんというバリバリの地質屋がいる。彼は小学校のころすでに地学にめざめ、中学や高校で地学クラブに所属し大学でも地学を専攻した。加えて、一志層群の研究を卒業研究のテーマに選んで津市周辺をくまなく調査している。大学卒業後は小中学校の教師になり、最後の3年間を一志町の波瀬小学校長として過ごした。その津村さんが、卒業論文のフィールド内で、しかも勤務地だった学区内の河床に、巨大コンクリーションがあったことを知らなかったというのである。

　あまりにも大きかったから気づかなかったのか、それがコンクリーションには見えなかったのか、とにかく本人は70歳を過ぎるまで、家からそう遠くない津市内にこんなに大きなコンクリーションがあることに、仰天したという。そこにあるものとそこに見えるものは必ずしも同一ではなく、人は見慣れた風景の中に何か新たな発見をするときは他から指摘され初めて気づくこともあるものだ。

　コンクリーションについては、名古屋大学博物館長・吉田栄一氏の画期的な研究成果『球状コンクリーションの科学』（近未来社）があり、私も前著『東海・北陸のジオサイトを味わう』で、その研究成果の一端を紹介した（森、2022）。

　従来、空中に浮かぶチリを凝結核にして雨粒が大きく成長するように、ノジュールも中に入っている化石の周りにカルシウム成分が集積して大きくなるものと考えられてきた。

　そうではなく、生物の軟体部から浸出した重炭酸イオンが、周囲を満たしている海水中のカルシウムイオンと反応して生成されるのだという。コンクリーションの生成速度も従来考えられてきたものとは大きく異なり、驚くべき速さで形作られることもわかってきた（吉田、2019：吉田、2023）。

　コンクリーションを含む地層は、一志層群下部にあたる波瀬層の井生泥岩部層のなかの無層理の青灰色泥岩層とされている。井生泥岩部層は化石を多産し、ソデガイ－クルミガイ群集（水深50－2200m：冷温水帯）と、シラトリガイ－ツキガイモドキ群集（水深20－120m：暖温水帯）が知られている。このコンクリーション直下の泥岩層からは、シラトリガイの化石が得られている（図14）。シラトリガイが生息する環境から、コンクリーションは水深の浅い（およそ30m程度か）暖かい海域で生成

図14　コンクリーション下位の泥岩中から採取したシラトリガイの化石

された、と考えられる。

波瀬川河床のコンクリーションは、数えられるだけで現在11個認められ、その大きさは１・５ｍから２・０ｍにも達するほど巨大だが、出水のたびごとに破壊や流亡が続いている（図15）。

＊＊＊

図15　波瀬川河床のコンクリーション群。左のものは約1.8m、右側の水中に半分顔を出しているものは約2.0m

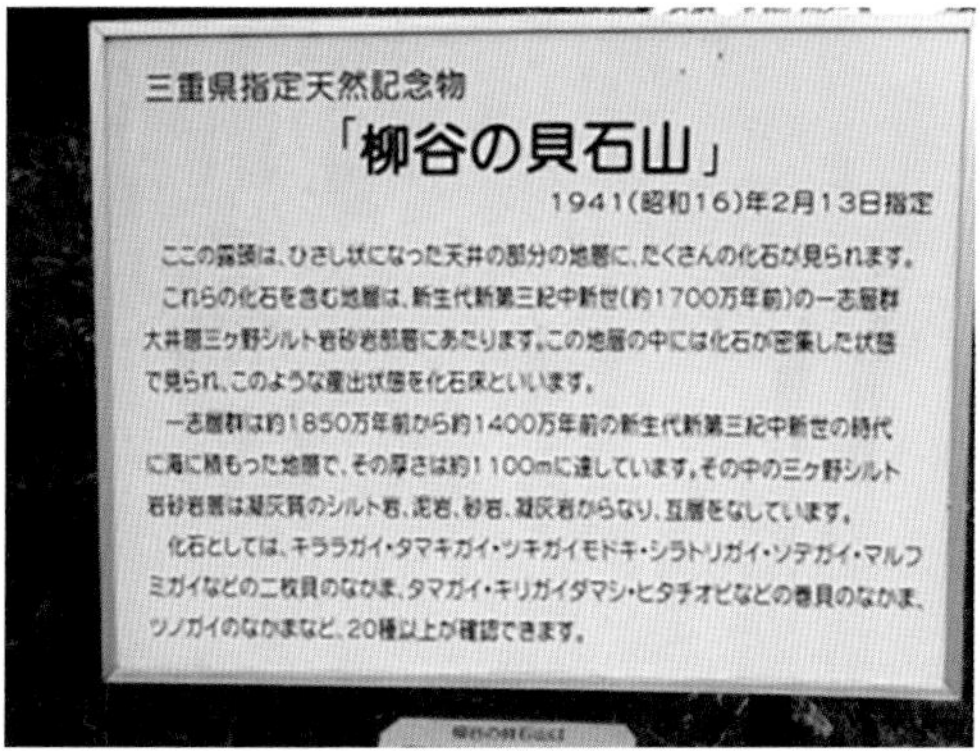

貝石山に行くには、近鉄津駅西口から三重交通バス平木行きに乗り柳谷口で下車する。長野川の支流仙倉川に沿って北へ５００ｍ行くと、集落の中に小さな橋が見える。橋の近くに案内板があり、三重県指定天然記念物「柳谷の貝石山」と書かれている（図16）。太平洋戦争開戦の年の１９４１（昭和16）年２月13日に天然記念物指定されたものだ。以下は、案内板に書かれた内容を抜粋した文章である。

図16　三重県指定天然記念物「柳谷の貝石山」の看板

ここの露頭は、ひさし状になった天井の部分の地層に、たくさんの化石が見られる。化石を含む地層は、新生代新第三紀中新世（約１７００万年前）の一志層群大井層三ヶ野シルト岩砂岩部層にあたる。地層の中に化石が密集した状態で見られ、このような状態を化石床という。

一志層群は約１８５０万年前から約１４００万前の新生代新第三紀中新世の海に積もった地層で、厚さは約１１００ｍにも達している。その中の三ヶ野シルト岩砂岩部層は、凝灰質のシルト岩・泥岩・砂岩・凝灰岩からなり、互層をなしている。

　続いて含有される化石の説明があり、キララガイやタマキガイ・ツキガイモドキ・ツノガイなど20種以上の化石が観察される、と書かれている。

　柳谷の化石床は、指定されてから時間が経っているため、自然風化が進み化石の観察がしにくくなっている。よく見ると、ツノガイの横に二枚貝やマテガイが並んでいる。

　ツノガイは砂泥底に穴を掘り、殻口を上に向けて生活している。マテガイも同様である。二枚貝は殻頂を前方に向け立った状態で砂泥底を移動しながら生活している。柳谷の化石床では、それらが混在し、生活していた姿と異なる状態で堆積していることから、貝が死後、水流などにより運ばれ寄せ集められたものであることがわかる。

　柳谷の露頭では、砂岩の底部にタマキガイやシラトリガイ・ツノガイ、キララガイ（アサリに近い仲間）、キリガイダマシなどの貝化石がびっしりついている（図17）。貝化石の多くが合弁だったり、同種の貝のみで構成されている場合は「現地性の化石」といえるが、潮流や暴風時の水流によって遺骸が選別され集積した場合にも、化石密集層（化石床）ができる。柳谷の化石床は、後者に分類される。

　柳谷の貝石山は、天然記念物のため採集してはいけない。化石は、国道163号線を西に行った分郷付近で採集可能である。長野川にかかる長野新橋付近から河原に下りたところで、河床に一志層群の青灰色シルト岩や淡褐色の砂岩層が分布しているのが観察できる。

図17　「柳谷の貝石山」の化石密集層

ここでは、ツキガイモドキやシラトリガイ・ザルガイなどが採集できる。カキの密集層をハンマーでたたくと、強いイオウ臭がするので確かめるとよい。ちなみに、筆者はこの場所でサメの歯を採集したことがある。いずれも1700万年前の伊勢の海に生活した海生生物の化石である。

⑥ 多度山はいつ高くなったのか？

◉桑名市

多度(たど)山はいつ高くなったのか、この疑問に答えるための二つの手がかりについて書いてみたいと思う。

その前に、私の身近に生じた一大変化の話から入ることにしよう。現在の住居、桑名市多度町古野(この)に住んで40年になる。2023年1月3日朝、地区役員の選挙開票がおこなわれ、過半数の票が入って、私が古野区自治会188世帯469人の副区長に選出されたという。びっくりするようなできごとに、正月気分も吹き飛んだ。副区長は2年後には、区長になるのだという。

私は多度町に生活しているが、そこに友達は一人もいないし親戚もいない。自治会の副会長になって、生活は一変した。週に半分は、地区の仕事に出かけなくてはならなくなった。古野区は山林を多く所有していて、大雨のたびごとに「山まわり」がある。林道は荒れていないか、農業用水路はつまっていないか、イノシシやシカ除けの柵は壊れていないか、谷川は正常に流れているか、などなど。とにかく仕事が多い。

古野区が持つ区有林の境界確認について、これは令和の時代のことなのか、と驚く場面に遭遇した。古野区の山は、養老山地の稜線に達するところまで及んでいて、そのところどころに隣地との境界がある（図18）。隣地とはどこなのか、聞いてびっくり。桑名市今島地区や多度町野代地区という。二つの地区との境界線を確認するため、毎年1回自治会役員を派遣する。濃尾平野西端のゼロメートル地帯に位置する今島や野代の人々が、なぜ山奥の土地境界を確認する必要があるのだろうか。

電気やガスがないころ、人々は燃料用、暖房用として1年間分のシバを蓄える必要があった。この時期、山林を有する古野区はその一部を割譲し、山林を持たない平野部の人たちのためにシバ刈り場を提供していたということだ。その権利は現在も継続され、毎年１回地区役員が揃って山の中を訪れ境界線の無事を確認するとともに、今島・野代両地区からは面積に応じたシバ狩り料を支払ってもらっているのだという。

図18　古野区境界の稜線から眺めた養老断層と濃尾平野

山まわりの仕事を通じ、私には重要な発見があった。林道を登る途中、まわりが開けた平坦面のところどころに円礫が散らばっている（図19）。高さ３００ｍを越える山の上にヒトが円礫を持ち込むことはないので、これは多度山系がまだ低かったころ、山の上を川が流れていたことの証拠である。それはいつのことか。これがなかなか難しい。多度町周辺に分布する東海層群には、暮明層、大泉層、力尾層など、およそ２００万年前から１００万年前までさまざまな時期の礫層があって、どの礫層にあたるか見極めることは容易ではない。

図19　円礫が点在する養老山地の平坦面

そんななか、もう一つ手がかりが見つかった。

宇賀神社の裏手、多度山登山道登り口の駐車場。南側に直立した礫層がある。礫層を構成する礫はチャートが主体で、基質が多くしまりが悪いこの礫層は、暮明層や大泉層の礫層と比べるともろくて崩れやすい特徴がある。層厚約30mの礫層中に薄いシルト層や砂層が挟まれ、この地層が扇状地の網状河川によって運ばれたことを示している。

なかに厚さ約5㎝のピンク色を帯びた白色の地層が堆積していた。風化して削り取られ、雨水の通り道になっていることもあって、一見するとシルト層や粘土層のようにも見える。持ち帰って超音波洗浄器にかけ、顕微鏡で観察すると火山ガラス片が確認された。火山灰層なのである。この火山灰層は養老火山灰層の名で知られ、フィッショントラック年代が0.98±0.15Maと測定されている。つまり98万年前の火山灰層なのだ。

養老火山灰層は、大阪層群のアズキ火山灰層と対比される重要な広域火山灰で、京都フィッショントラックの壇原徹さんらによって、九州中部の大分県耶馬渓火砕流の噴出物であると確認されている(鎌田ほか、1994)。

98万年前に九州の大分県から飛んできた火山灰層が、多度山登山道に直立した状態で堆積している。これはすなわち、水平にたまった火山灰層をのせ多度山が隆起したことの直接の証拠である。その時期は、少なくとも98万年前以降でなければならない。

残念ながら、この露頭は草が生えて見えなくなったが、多度地区市民センター前の丘陵地が削りとられ、新たに養老火山灰層が今度は山側に傾いた状態で見つかった(図20)。火山灰層を直立させたのも、火山灰層を山側に傾かせたのも、多度山が隆起を開始したことが原因である。冒頭に書いた林道平坦面に散らばっていた川が運んだ円礫層は、養老火山灰層が降り注いだ98万年前と矛盾しない力尾層の中の礫層であった可能性が高い。

多度山はいつ高くなったのか?

この疑問に対する即答は難しいが、98万年前以降、およそ80万年前ころより高くなりはじめたのではなかろうか。

図20　大分県のカルデラ火山から飛来した養老火山灰層（マジックインキ下の約5cmのピンク色の部分）

❼ ミエゾウの足跡化石を掘る

◉伊賀市

動物も植物も、単独で生活しているわけではない。限られた空間にある一つの生物が生命活動を開始すると、必ずやその影響を受ける生き物が現れる。とりわけ、自分自身で有機物を作り出すことができない動物は、他の生物が生産した有機物を取り入れることによってのみ生命を維持することができる。

「食うか食われるか」という生物間の厳しい生存競争や食物連鎖などは生物学の教科書にはのっていても、地質時代の古生物や断片的な化石情報から、こうした関係を見いだすことは難しい。三重県伊賀市平田の服部川の河床に露出する古琵琶湖層群の地層は、食物連鎖の関係を探る格好のフィールドとして注目されている。

松尾芭蕉の生誕地として知られる伊賀市の東方に旧阿山郡大山田村（現在伊賀市大山田）がある。大山田には、東名阪自動車道路を利用すれば、名古屋から車で約2時間半、津からは約1時間で行くことができる。1994年秋、この場所で大規模な発掘調査が実施された。前年9月の台風で、村を貫流する服部川が増水し、川の河床の地層が大きく削りとられたのである。水が引いたのち、そこから奇妙な穴ぼこが姿を現した。直径が30㎝を超える丸い穴がいくつも並んでおり、恐竜の足跡・ポットホール・ゾウの足跡など、いろいろな意見が続出し、住民の間で評判になった（図21）。服部川の河床には「古琵琶湖層群」と呼ばれる今から約350～400万年前の湖にたまった地層が露出している。付近からはこれまでにゾウやワニの歯の化石が発見されており、この穴ぼこがゾウの足跡であると結論されるまでに、それほど時間はかからなかった（図22）。

河岸の粘土層には、もう一つワニの足跡と思われる鋭いツメ痕がくっきりと保存されていた（図23）。ゾウばかりでなく、ワニの足跡が同じ場所から発見され、大山田は一躍有名になった。

＊＊＊

平田グラウンド横の河原に立つと、まず最初に驚かされるのは、足跡の残された粘土層中に密集するタニシの化石である（図24）。ほかにドブガイやカワニナの仲間などの貝化石が多数発見される。コイやフナなどのノドにある咽頭歯や、魚鱗化石も足跡を含む地層中からよく見つかる。付近の地層には、フウ（リクイダンバー）やスイショウなどメタセコイア植物群に属する亜熱帯性の植物化石も随所で発見され、これらに依存して生活する昆虫化石も確認されている（森、1996）。

当時の水域には珪藻が大繁殖し、それをエサとするタニシや二枚貝、そして貝類を食するコイやフナなどの魚類と、さらにそれらを捕食するスッポンやワニなどの肉食性の動物が共存する生態系が成立していたと推定される

図21　服部川河床に認められた穴ぼこ（高さ約10mの高所作業車より撮影）

図23　ワニの足跡化石

図22　服部川河床のゾウの足跡化石。手前のものには爪あとも見られる

（森・宇佐美、1996）。大山田の河床に露出する地層は、一次生産者である珪藻化石と、それを好んで食べるタニシやカワニナなどの軟体動物の化石、そしてこの高次に位置する魚類や両生・ハ虫類化石など、食物連鎖の関係を示す貴重なフィールドとして重要である。

さてさて、穴ぼこがゾウの足跡化石だとすれば、足跡に指や爪の痕が残っているかどうか。ゾウは何頭ぐらいでどの方向に歩いていたのか。またゾウはどのような場所を歩いたのか、そこは水中だったのか、それとも干上がった場所だったのだろうか。ゾウとワニの足跡はどちらが古く、それらはどのような関係になっているのか。また、ゾウやワニが生息していた頃の周りの景観はどのようなものだったのか。化石の産状や地層の堆積のしかたなどから、これらの動物の行動や古生態、さらに当時の植生や地形・古環境などを復元することも古生物学の重要な研究テーマである。

詳しい調査の結果、ゾウの足跡は平田グラウンド横の露頭だけで約１２０個確認された。そのうちはっきりと行跡をたどることができたのは２頭分だけであった。両方とも汀線に沿った湖岸付近を、西から東へゆっくりと移動していたと推定される。大山田の服部川河床に残されたゾウの足跡は、同じ地層から発見された貝化石や、約３５０万年前という地層のフィッショントラック年代値などから、ミエゾウのものと考えられる。

河原にはゾウの足跡と考えてよい穴ぼこがまだいくつか残ったままだが、保存良好なものは発掘調査ののち、現場から切り取って三重県総合博物館（みえむ）に運びこまれた。しかし、それは余りにも大きかったのと、建設された博物館の地学コーナーが狭く、残念ながら、地下収蔵庫に保管されたままである。

図24　イガタニシの化石

⑧ 暗い床の間に並べられた石

◉桑名市

話は、今から53年前、１９７０（昭和45）年の10月のある日にさかのぼる。私は、愛知教育大学地学教室の卒業研究の調査中、三重県桑名郡多度町（現在、桑名市多度町）古野（この）で採石業を営んでいた石川周一氏から自宅に案内され、暗い床の間に並んだノジュールに包まれた骨らしき化石を見せられた。それは、「南谷」と呼ばれる川向こうの谷間から見つかったものという。

図25　床の間に並んでいた化石の一つミエゾウの右大腿骨片（長さ 41.3cm）

その石たちは、ゾウの化石のように思われた（図25）。全部で十数個あった。しかし、他人の持ち物であり、私にとっては知らない人々が住む町でのこと。ずっしりと重い化石を手にとってみたものの、それ以上どうすることもできなかった。

石川氏は、それが何か知りたいふうもなく、自慢するでもなく、ただ見せてくれただけ。出た場所を案内してくれるよう頼んだが、その日はムニャムニャと口ごもり、ていよく交わされた。

翌１９７１年、私は首尾良く愛知県立津島高等学校の地学教師として教壇に立つことができた。地学の奥深さや、化石の面白さなどを説き、地学部顧問として地学部を指導した。そのときの地学部部長が山田功さんである。山田さんは、この年、地学部員を連れ、近鉄北勢線（現在の三岐鉄道）楚原駅で下り、近鉄（現在の養老鉄道）多度駅に至る地学巡検を敢行した。夏の炎天下、約11㎞を歩き、途中、ゾウの化石が出た、と思われる南谷を訪ねた。その報告を「地学部、多度地方を行く」という紀行文にまとめ、『校誌つしま』に投稿している。

　1971年より3年間、愛知県立津島高等学校の生徒とともに、化石発見現場とされた多度町古野南谷周辺を調査した。化石の正確な発見場所について、結局、石川氏は語ることはなかった。何回かの調査には石川氏も同行し、その過程でノジュール中の化石片が1点見つかっている（発見者石川周一氏）。その後の化石の追加はなく、石川氏は10年ほどのち、愛知県甚目寺町に転居された。

　1991年より5カ年計画で実施された『多度町史（自然編）』には、多度町南谷の南谷1火山灰層上位のシルト層中から、ステゴドン・シンシュウエンシスの大腿骨はじめ、計9点の旧象化石が発見された（森、1995）とだけ記載されている。

　転機は、石川氏が亡くなってまもなくの2003年のこと。「ホコリをかぶって置いてある床の間の石を多度町に寄贈したい」という石川氏の家族からの申し出だった。寄贈されたのちの化石標本は、晴れて桑名市（多度町は2004年に桑名市と合併）の所有となり、クリーニングや計測・写真撮影などが自由にできる状況となった。

　クリーニングの結果、「多度標本」は、大腿骨・上腕骨・右下顎第2大臼歯はじめ、計20の骨および歯の化石で構成され、270万年前という年代からミエゾウとアケボノゾウの中間段階で、過渡期の大きさや歯の構造を有する、わが国でもきわめて珍しいゾウ化石であることが明らかになった。

　また、多度標本には大きさの異なる右大腿骨が2個確認され（図26）、別個体で子どものゾウの骨か、または層準の異なる別種のゾウ化石が含まれていることもわかった。多度標本の調査・研究は大阪市立自然史博物館の樽野博幸さんによっておこなわれ、「第2大臼歯では種を決定できない」という立場の樽野さんは、多度南谷から見つかった大型の大腿骨についてはミエゾウ（シンシュウゾウ）、小型の大腿骨と右下顎第2大臼歯はアケボノゾウ近似種として報告した（樽野・森、2013）。

　面白いことに、第2大臼歯は約70度折れ曲がって破断し、それが左右接合した状態で見つかった（図27）。地層中にあった大臼歯に大きな力が加わって、瞬間的に破壊を生じたものと考えられる。おそらく地震に伴う剪断応力が働いた結果であろう。都市圏活断層図の「桑名」を見ると、ゾウ化石が出たという南谷には北勢－多度断層が東西に延びており、活断層が動いたことにより硬いゾウの歯が破断したと考えられる。

多度町南谷で石川周一氏が採集して床の間に置いていたゾウの歯や骨は、長い時間を経てクリーニングされ、大変貴重なゾウの化石だったことがわかった。大型の大腿骨は、ミエゾウのものと考えられ、肩の高さが４・３ｍにも達する巨大なゾウである（図28）。いま、この化石は紙にくるんだままの状態で、多度町郷土館のすみにしまい込まれている。復元したうえで、しかるべきところで展示・公開されることが真に望まれる。

図26　クリーニング後確認されたハチオウジゾウの右大腿骨片（長さ 31.4cm）

図27　ハチオウジゾウの第二大臼歯。中央で折れ、約 70 度ゆがんだ状態で再び固着している（長さ 32.2㎝）

図28　復元されたミエゾウと同じタイプのコウガゾウの骨格標本。肩の高さは 4.3m ある（三重県総合博物館にて撮影）

⑨

伊勢国屈指の銀銅山・治田鉱山

◉いなべ市

図29　いなべ市立丹生川小学校

全国に「丹生（にう）」という名のつく地名は多い。「丹」は、水銀を意味し、水銀を含む鉱物である辰砂（しんしゃ）をも含めて呼んだ。丹を産する場所は丹生と呼ばれた。

三重県の四日市市からいなべ市藤原町を結ぶ三岐（さんぎ）鉄道線に、「丹生川」という名の無人駅がある。駅の東側には「丹生川小学校」が建っている。「鈴鹿の峰のあの大空は」で始まる校歌を掲げる1875（明治8）年創立の由緒ある学校である（図29）。

丹生川小学校周辺に、現在、丹生川という名前の川はない。丹が採掘された員弁（いなべ）川水系青川のことを、かつて丹生川と呼んだのであろう。丹生川の地名は、「大安寺伽藍縁起並流記資材帳」に表れており（山中、2002）、奈良時代には大仏建立時の鍍金（ときん）のために利用された（山中、2014）。奈良の大仏の製作には、多気郡多気町丹生の水銀が用いられただけでなく、いなべ市丹生川の水銀も動員されたのである。

青川一帯の地質は中生代ジュラ紀の付加体で構成されていて、丹生川小学校の西にそびえる竜ヶ岳は砂岩・泥岩互層、その北方に連なる藤原岳は石灰岩の山である。両山の中間に玄武岩がレンズ状ないし塊状に分布し、これを削りこんで青川が流れている。青川の語源も、河原に転がる緑色の石に由来する。青川には、青川峡キャンピングパークがオープンしアウトドア派の拠点として生まれ変わり、シーズン中はキャンプを楽しむ家族や若者たちで賑わっている。そのため、キャンプパークに立ち入り河床をのぞき込むことは難しくなった。青川の河床や川岸が、玄武岩の枕状溶岩が観察できる県内でも有数のジオサイトであることはキャンプに訪れた人にもわかってほしいものだ。

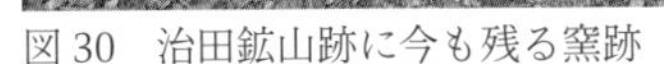

図30　治田鉱山跡に今も残る窯跡

丹生川小学校の北を流れる青川に沿った林道を西に登りつめたところに、治田（はった）鉱山と呼ばれる三重県屈指の銀銅山があった（図30）。中世末から近世まで、とくに江戸時代の寛永年間（１６３０年頃）や元禄年間（１６９０年頃）の治田鉱山における銀銅の出荷高は目を見張るものがあり、多くの文献に紹介されている（黒川、1992：北勢町、2000）。江戸時代、この地を治めた桑名藩の財源としても大いに貢献したという。

有用鉱物が濃集して採掘可能となった場所を鉱床と呼ぶが、なかでもマグマ起源の熱水鉱床は、多くの有用鉱物を含有する鉱床として知られる。治田鉱山は、裂罅充填鉱床（原山ほか、1989）とされるが、熱水作用に伴って金属が濃集する鉱脈型の鉱床である。鹿児島県の菱刈鉱山は金の含有率が高く、わが国屈指の埋蔵量を誇る低硫化系浅熱水性金鉱床（渡辺、1997）。近年、日本近海で発見された、金・銀・銅・鉛に加えレアメタルを含む鉱床も、海底火山活動に伴う熱水鉱床である。

治田鉱山では、すでに平安時代より銅生産がおこなわれていたとされ（石神、2015）、江戸時代にはことのほか多くの銀や銅を産出し、治田郷は大いに繁盛した。鉱山で働く人夫とそれを支える人々が集まって新町ができ、約３０００戸の集落ができたという。新町や新町神社など当時の地名は、今も地図上で見ることができる。鉱山は江戸時代を通じ常に盛況だったわけでなく、何度かの中断があった。熱水鉱床は鉱脈依存の鉱床であり、鉱脈にあたれば銀や銅は掘り出せるが、鉱脈をはずれるとまったく出ない。

治田鉱山では、明治期に入ってからも何人かが採掘を試みるがうまくいかず、大正7（1918）年、島津藩出身の実業家五代友厚の娘、五代アイによって大通洞坑とされる坑道が掘削され大規模な採掘が試みられたが、目立った成果をあげることはできなかった。そののち閉山し、今日に至っている。

＊＊＊

青川の支流である三光谷（三鉱谷ともいう）の源流部を訪ねると、治田鉱山で粗銅の製錬に用いられた釜跡が今も残っている。三鉱谷とは、金・銀・銅の三つの鉱物が出る谷を意味するとされ、釜跡の近くでは、金色に輝く黄銅鉱の鉱石（図31）や、製錬の過程で生じた鉱滓を拾うことができる。ただ、周辺の山々は2000年代に入って、大規模な土砂崩れや河川氾濫が発生し、治田鉱山跡に至る道は大きく変化している。万一、訪れる方がいるとすれば、必ず地元の人といっしょに行かれることお勧めしたい。

図31　治田鉱山跡下流の河原で見つけた黄銅鉱が入った鉱石

⑩

塩の芸術・川の造形

◉熊野市

図32　鬼ヶ城の海岸段丘と海食崖

国指定天然記念物「鬼ヶ城」や丸山千枚田で知られる三重県熊野市は、地質の上では2つの岩石で成り立っている。約1700〜1500万年前、日本海が拡大・生成しつつあったころの海成層である熊野層群と、世界最大規模のカルデラ噴火により生じた約1400万年前の熊野酸性岩である。

熊野酸性岩という名は、石英斑岩（花崗斑岩）や流紋岩・凝灰岩・凝灰角礫岩などを含む火山岩類の総称であり、うち鬼ヶ城はそのほとんどが凝灰岩で構成されている。

鬼ヶ城では、何回かの地震により隆起した海岸段丘や海食崖を観察できることがジオサイト鬼ヶ城のイチオシの見所である。加えて、海岸部や見上げた天井などに奇岩が連続し、これに不規則な穴ぼこが生じていることがおもしろい（図32）。穴ぼこは「タフォニ」と呼ばれ、語源は古代ギリシア語やシチリア語の「穴」に由来するという。その形状から、蜂の巣状構造とも名づけられている。この穴ぼこができる理由は、次のように説明される。

図33　塩の結晶により彫刻された凝灰岩

そもそもこの凝灰岩は、１４００万年前のカルデラ火山から噴出した火山灰が海底で堆積した火山性砕屑岩である。それが隆起して、今日見ることができるのだが、凝灰岩中に含まれた地質時代の塩類は水分が蒸発するにつれて結晶が成長し周囲の岩石を破壊する。これが一度だけならそれほど大きくなることはないが、鬼ヶ城の周りには塩分を多量に含んだ塩水がふんだんに存在し、風や波の力により凝灰岩表面に海水を付着させる。この塩分が再び析出することにより、タフォニはさらに大きく発達し一種独特の鬼ヶ城の景観を生み出したのである。

海水中の塩分の多くは塩化ナトリウム（食塩）で構成されているが、中学や高校時代の化学で習ったように、塩化ナトリウムの溶解度は水溶液の温度が上下してもほとんど変化なく、水（溶媒）を蒸発させることによってのみ結晶ができる。塩化ナトリウムの結晶は、これも高校の化学の教科書に紹介されているとおり、正六面体の美しい結晶形が基本となっている。つまり、鬼ヶ城で見られるタフォニは、１４００万年前に生じたカルデラ起源の凝灰岩に、繰り返し海水が付着しこれが蒸発することにより彫刻された塩の芸術作品なのである（図33）。

熊野市の西方紀和町まで行くと、熊野川の源流の一つ北山川は著しく屈曲し、流速がきわめて小さい蛇行河川となる。熊野市紀和町と和歌山県新宮市の境界に位置する木津呂集落は蛇行河川の典型例として有名になり、絶景スポットの名で各種媒体に紹介された。やがてこれが加熱しマナー違反者が続出したため、現在は立ち入り禁止になっている。

ほぼ同様の景観は、奈良県吉野郡十津川村竹筒でも観察できる（図34）。あたり一帯は国の特別名勝「瀞峡」の名で知られ、三重県・奈良県・和歌山県にまたがる

図 34　360 度蛇行した北山川

吉野熊野国立公園に指定されている。こうした蛇行河川は、嵌入蛇行とも穿入蛇行とも呼ばれる。眼前で川は左（西）から右（東）へと大きく蛇行しながら北方へ流れているが、北山川はここで３６０度向きを変えている。まさに川の芸術的造形ともいえる光景が、北山川では随所で観察できるのだ。川に侵食されている地層は、約１７００万年前の海成層である熊野層群の砂岩・泥岩互層である。蛇行河川は、河川勾配が小さくなり流速が衰える大河の河口部に発達するのが一般的である。わが国では北海道の石狩川や濃尾平野の木曽川などで知られるが、河川の中流部での蛇行はきわめて珍しい。

静岡県中部を流れる大井川では、大井川鉄道の千頭から井川に至る間で著しく屈曲し嵌入蛇行する蛇行河川となっている。『東海のジオサイトを楽しむ』（森、2019）で、筆者は大井川の嵌入蛇行を紹介した。この場所で川が蛇行する理由は南アルプスが年間約４㎜もの著しい隆起を続けていることが背景にあった。瀞峡における北山川の著しい蛇行についても、熊野層群を押しのけて上昇した熊野酸性岩の存在と熊野酸性岩が分布する南紀地域の隆起が関与している可能性が考えられる。

図35　地滑り地帯につくられた棚田（丸山千枚田）右上に巨石が見える。土石流によって運搬されたものである

熊野市のジオスポットでは、もう一つ紀和町丸山地区の丸山千枚田がある。千枚田の名称は決して大げさな表現ではなく、高低差160mの傾斜地に今もおよそ1340枚もの棚田が存在しているという。

丸山千枚田における棚田経営は、同じ紀和町で操業していた紀州鉱山の労働者による兼業によって支えられていたが、1978年に同鉱山の閉山に伴い労働力が流出して棚田の経営はかなわなくなった。つづく国の減反政策やコメ価格の低迷が続き、丸山千枚田は一時半分近くにまで減少し、危機的状況が継続した。丸山千枚田では、その後、観光への活用が図られ棚田オーナー制が定着したことにより、今日の景観が維持されている。

丸山千枚田の立地場所は、地質の上では熊野層群の分布域にあたるが、傾斜が大きくしかも尾鷲同様、南紀地域特有の土砂降り地帯に位置するため、常に地滑りや土石流災害と隣り合わせの水稲耕作地といえる（図35）。丸山千枚田を一望できるビューポイントに立って西側を見ると、視界の中にとんでもなく大きな岩塊が鎮座する光景を望むことができる。言うまでもなく、土石流によって運搬された巨石である。

郵便はがき

460-8790
101

名古屋市中区大須
1-16-29

風媒社 行

注文書◉このはがきを小社刊行書のご注文にご利用ください。

書　名	部数

郵便振替同封でお送りします（1500円以上送料無料）

風媒社 愛読者カード

書　名

本書に対するご感想、今後の出版物についての企画、そのほか

お名前　　　　　　　　　　　　　　　　　　　　　　（　　　歳）

ご住所（〒　　　　　　　　　）

お求めの書店名

本書を何でお知りになりましたか

①書店で見て　　②知人にすすめられて

③書評を見て（紙・誌名　　　　　　　　　　　　　　　　　　　　）

④広告を見て（紙・誌名　　　　　　　　　　　　　　　　　　　　）

⑤そのほか（　　　　　　　　　　　　　　　　　　　　　　　　　）

＊図書目録の送付希望　□する　□しない

＊このカードを送ったことが　□ある　□ない

内帯・外帯の石材が見られる城
——田丸城

●度会郡玉城町

図1　石垣のみ残る田丸城

　この城の始まりは、南北朝時代の1336（延元元）年、北畠親房が伊勢の拠点として玉丸山に砦を築いたことに始まるといわれる。1575（天正3）年から1580（同8）年の間、織田信長の次男で北畠家の養子となった北畠信雄が在城して、本丸、二の丸、北の丸を設け、本丸北端部に三重の天守を築いたとされる。1584（天正12）年に田丸直息が田丸城主となる。関ヶ原の戦いの後、稲葉重通が城代になる。この頃、城郭の主要な建造物や石垣など大改修をおこなったと伝えられている。その後、藤堂高虎の支配を経て、紀州徳川家領となり、付家老の久野宗成が城主となり、明治維新まで城代家老が支配した。1871（明治4）年に解体処分され、城内の建物は取り払われた。1928（昭和3）年に、国有林となっていた土地を朝日新聞の創設者である地元出身の村山龍平が多額の寄付を町にすることで払下げを受け、玉城町有となった。

　こうして、石垣と堀だけを残す田丸城跡（図1）だが、苔むした石垣を見ると、戦国時代の古城といった印象を受ける。大手門跡の横には玉城町役場があり、反対側には村山龍平記念館がある。内堀を隔てて城内には玉城中学校がある。

　舗装された道を上がると、本丸虎口に至る。石垣石材は自然石がほとんどで、野面積みとなってい

図2　本丸虎口石垣

図3　隅角石（花崗閃緑岩）

図4　築石（結晶片岩）

図5　新補材として使われた花崗斑岩

図6　補修された石垣

図7　鏡石

る（図2）。近づいて石垣石材を観察してみる。隅角石は花崗閃緑岩で矢穴がみられる石材（図3）もある。築石の多くは結晶片岩（図4）である。補修された石垣もあり、石材にドリル痕が残る熊野酸性岩類の花崗斑岩（図5）が使われていたりするところもある。積み方が築城当時にはなかった落し積（谷積み）となっている石垣（図6）もある。城石垣の補修については、元

図8　天守台石垣

図9　隅角石中の転用石材

図10　本丸北面石垣の石材（結晶片岩）

図11　本丸北面石垣の石材（頁岩）

来の石垣に使われていた石材や積み方もできるだけ取り入れたほうがよりよい保存ではないかと思う。虎口には鏡石（図7）が見られる。本丸の北東隅に天守台石垣（図8）があるが、ここも補修されている。東から本丸北面石垣を見る。途中の隅角石には転用石材（図9）も見ることができる。

ちょうどこの場所が中央構造線近くであることから、内帯の領家帯に属する花崗閃緑岩や外帯の三波川帯に特徴的な結晶片岩（図10）、秩父帯の頁岩（図11）やチャート（図12）、石灰岩（図13）など多種類の岩石が石垣石材に用いられている。このようないろいろな岩石が観察できる城石垣はあまりない。たぶん、石垣石材採石地は、多種の岩石が露出していたところではないかと思われる。北面石垣を丁

図12　本丸北面石垣の石材（チャート）

図13　本丸北面石垣の石材（石灰岩）

寧に見ていくと、それがよくわかる。天守などの建物は残っていないが、石垣だけでも、積み方や石材を見ることで十分楽しむことはできる。

1951年、千葉市の落合遺跡発掘時、丸木舟等の出土品とともに3粒の古代ハスの種子が発見された。約2000年前の縄文時代の遺跡から3粒の古代ハスの種子が見つかった。翌年の1952年、そのうち1粒が発芽して、ピンク色の大輪の花を咲かせ、大きな話題になった。この古代ハスは発芽育成させた植物学者でハス研究の権威者である大賀一郎の名をとって、大賀ハスと名づけられた。田丸城の内堀にはそれが植えられていて、初夏には美しい花を咲かせる（図14）。

図14　大賀ハス

【城石垣を見て回る④】

九鬼水軍の海城——鳥羽城

●鳥羽市

図1　鳥羽城三の丸と近鉄志摩線

息子がまだ小学生だった頃、鳥羽水族館に行ったことがある。水族館の向かいが鳥羽城（図1）だとはその時はまるで知らなかった。

図2　日本丸模型（鳥羽市歴史文化ガイドセンター）

石垣石材に橄欖岩（かんらん）が使われているとあった（小和田、2020）ので、石材を見にでかけた。鳥羽市歴史文化ガイドセンターに立ち寄り、道順を教えてもらった。2階には九鬼水軍に関する展示があり、展示物と解説から九鬼水軍について学ぶことができた。

鳥羽城は1594（文禄3）年に九鬼嘉隆（くきよしたか）によって築城された。嘉隆は織田信長に仕え、長島の一向一揆や石山本願寺との戦いで戦功をあげた。石山本願寺の戦いでは大型の鉄甲船6隻で毛利水軍を破った。その後、豊臣秀吉に仕える。1592（文禄元）年の朝鮮出兵では大型軍船の「日本丸」（図2）を中心とした大船団を率いて参陣した。1600（慶長5）年の関ヶ原の戦いで、嘉隆は西軍、息子の守隆（もりたか）は東軍に親子で別れて戦い、敗れた嘉隆は答志島に逃れ、切腹した。鳥羽藩最後の藩主である稲垣氏の史料に海側から見た鳥羽城を描いた絵図（図3）がある。四方を海で囲まれ、大手門を海側に配した「海城」だったことがよくわかる。

ガイドセンターでもらった鳥羽城のパンフレットと教えてもらった道順で鳥羽城をめざす。鳥羽城は明治の廃城以降、埋め立てで堀の痕跡が残っているのは相橋付近だけになった。橋の下には当時の石垣がわずかに残っている（図4）。鳥羽市役所の北側に家老屋敷跡があり、ここにも石垣が見られる（図5）。野面積・乱積の石垣で築石には結晶片岩が使われてい

図3　描かれた鳥羽城（鳥羽市教育委員会蔵）

図4　相橋下の石垣

図5　家老屋敷跡の石垣

図6　本丸へ上る途中の石垣

る。本丸に上がる途中にわずかに残る石垣がある（図6）。この付近にある石垣残石に橄欖岩があった（図7）。色が黒っぽく花崗岩などに比べて密度が大きく、重い。岩石名の橄欖（かんらん）とは、オリーブのことである。橄欖石という鉱物の色がオリーブのような緑色をしていることから名づけられた。この橄欖岩は火成岩の中でも珪酸分に乏しい超塩基性岩で、マントルを構成する岩石と言われ、あまり地表には露出していない。中央構造線の南側にある三波川帯と秩父帯の境界に沿って断続する玄武岩質の火山岩類を御荷鉾（みかぶ）緑色岩類という。古生代後期から中生代前期の海底火山活動によって形成されたとみられる。この玄武岩質のマグマの噴出に伴って捕獲岩として橄欖岩が取り込まれたと考えられている。水により多くは蛇紋（じゃもん）岩化している（内野他、2017）。

本丸に上がる手前の北西石垣（図8）は、鳥羽城の数少ない石垣の代表的なものである。野面積・乱積の石垣で、隅角部は細長い石材を用いているが、算木積とはなっていない。隅角石には結晶片岩（図9）や橄欖岩（図10）を用

図7　石垣に使われた橄欖岩

図8　本丸北西石垣

図9　石垣石材（結晶片岩）

図10　石垣石材（橄欖岩）

図11　本丸南側石垣

図12　三の丸階段状石垣

図13　三の丸広場

いている。本丸広場の南側下に旧鳥羽小学校がある。小学校に面した石垣が図11で、坂道の南面石垣と手前にある石垣とは明らかに積み方が異なる。手前の石垣は、元来の城石垣で野面積・乱積である。奥の坂道沿いの石垣は落し積で、小学校ができたときにつくられたものではないかと思われる。

　同様な落し積の石垣は三の丸広場に下る途中の斜面にある階段状の石垣（図12）にも見られる。自然石を用いていても、落し積は一般に明治以降の石垣に見られる積み方で古い城石垣には見られない積み方である。坂道を降りたところが三の丸広場である（図13）。この東にさらに二の丸があり、大手門に続いていた。こちらが大手だと示すように、九鬼家の定紋・三巴紋（みつともえ）の幕が掲げられていた。

【コラム】おや子防災ピクニック（三重県）

地震や津波は怖い。だが、防災訓練と聞くと何だか気が重い。できたら、参加したくない。防災訓練の印象は、おそらくそんなものだろう。もしもの地震のことを考えれば、訓練はしておいた方がいいに決まっている。どうも防災訓練という言葉のひびきが良くないのだと思う。

私が住む桑名市多度町古野には、「北勢－多度断層」（市之原断層）という長さ約12㎞の活断層が通っている（森、1995）。養老断層から派生した断層とされるので、単独で動くことはないと考えられるが、地震発生のリスクは高い。

北勢－多度断層の存在は、地形が物語っている。集落の西方に丘陵が延びていて、そこを乗り越えるには坂を登らなければならないのだ。何回もの地震を経験して、今日の姿が形作られたのである。古野集落は養老山地を開析した肱江川の河岸段丘上に成立したムラだが、この集落の西側には美鹿（びろく）という名の桑名市最奥の集落が位置している。美鹿の西方に「前山」という、もう一つ別の集落が位置していて両者とも肱江川がつくった河岸段丘の上にのっている。不思議なことに、美鹿から前山に行くには、つんのめるような急坂を登る必要がある。北から南に流れていた肱江川も、美鹿集落の手前で90度曲がり、そこからは西から東に流れるように進路を変える。肱江川の方向転換は、そこでくり返し北勢－多度断層が活動し、前山が位置する丘陵地が40m以上持ち上がったからに他ならない。

こうした活断層に基因する災害リスクに加え、古野地区には何本も危険渓流が貫いていて大雨が降ると土石流災害も懸念される。近年、雨の降り方が変化し、一つの場所に集中的に何時間も雨が降るようになった。三面ともコンクリート張りされた水路のような渓流河川が、毎時１００ミリの雨が2時間降り続いたら、どれだけ耐えられるだろうか？

図１　２日分の食糧と飲料水を備蓄した防災倉庫（桑名市多度町古野区）

こうした心配から地区経営の商業施設閉店を機に、建物スペースを防災倉庫につくり変えた(図1)。２０２３年11月のことである。防災倉庫には、古野区１８８世帯４６９人が二日間生き延びるための食糧と飲料水を備蓄し、地域の災害リスクについてのパネルを計12枚作成し掲示した。いざというときの防災組織も新たに立ち上げた。

地域にはどんな災害が発生する危険性があるか、楽しく学びながら歩いてみよう。防災訓練の「ねばならない」方式ではなく、ピクニック気分で地域の自然を知り、日頃見慣れた風景の中にどんな災害リスクがひそんでいるか知ることが目的である。「おや子防災ピクニック」（図2）は、そんなコンセプトではじめた地質屋としての私の地域貢献活動である。ピクニックだから、楽しくなければならない。みんなで坂を登って、断層の存在を確かめる。そこでのクイズは坂の高さ。3択だから、当たる確率は高い。当たった親子には、チョコレートを配ることにした。チョコレートがもらえるとなると、答える側もつい夢中になる。自分たちが住む町に坂があるのはなぜだろう？

クイズを解くことを通じて、地域の災害リスクを知る。古野区主催の「おや子防災ピクニック」は、まだ始まったばかりである。

図2　おや子防災ピクニックの様子（桑名市多度町にて）。おや子が上っている12 mの坂道は、活断層が動くことにより生じたものである

【コラム】変形礫岩が語る1700万年前の圧縮力（三重県）

小石（礫）が砂や泥とともに固まった岩石を礫岩という。礫岩のうち、礫をとじ込めている周りの部分をマトリックスと呼ぶが、時代が古い礫岩の場合、礫もマトリックスも固結していてかたい。時代が新しいときは礫だけがかたく、マトリックスは握るとバラバラとくずれる。こうした礫層に大きな力が加わると、固い礫だけが破壊することがある。応力集中という現象である。それは、礫岩にはたらく力に対して、礫周りのマトリックスは流動することによって、かかる力から逃れることができる。一方、礫も当初は回転することによって逃れようとするが、最後は逃れることができず、大きな力を受け止めて割れる。

三重県亀山市関町に分布する新第三紀中新世の鈴鹿層群筆石礫岩層は、わが国でもきわめて珍しい多様な変形礫がみられる地層である。この地域の筆石礫岩層は、東北東－西南西走向の境界断層に挟まれ、南側の加太花崗閃緑岩体と北側の鈴鹿花崗岩体の地質境界に位置する幅約１５０ｍの部分に分布する。鈴鹿坂下剪断帯とも呼ばれる。

礫岩中に含有される礫の形がおもしろい。礫の中にいくつもの断裂が生じ再び固結したもの（図１の❶）、礫が引き延ばされたように変形したもの（❷）、うすく引き延ばされ線状に変形したもの（❸）、まるでオタマジャクシのような変てこな

図１　筆捨礫岩層に見られる変形礫（亀山市関町）　二村光一氏写真提供
❶多くの断裂がある礫　❷細長くのびた礫
❸うすく引き延ばされた礫　❹オタマジャクシのような礫

石（❹）など、さまざまな形状の変形礫が観察される（二村、2016）。2回の変形ステージのうち、多くの礫は主に前半に破壊が進行したらしい。

では、筆石礫岩層にいったいどんな力が加わっていたのだろうか。変形礫岩は日本列島がユーラシア大陸から切り離され、日本海が拡大しつつあったころの圧縮力を反映している。1700～1600万年前ころの日本列島を押しつけていた力の向き、すなわちN10°E方向の強大な圧縮力の存在を、亀山市関町の変形礫やそのマトリックスが教えている（二村、2016）。なんとスゴイ礫なのだろう！

図2　変形礫を含むマトリックス。延びた礫岩と同じ方向の構造の部分と斜交する部分がある　二村光一氏写真提供

岐阜県

❶ わが家の表札は地球最古の化石

◉海津市

最古の生物化石との出会いは、まったく思いもよらない場所だった。岐阜県南端の海津市平田町、そこに「おちょぼさん」の名で知られる神社がある。商売繁盛・家内安全の御利益があるという千代保稲荷神社である。この神社には、お札がない。一度のお参りで一ヶ月分のお礼と、翌月分のお願いをする「月越し参り」という独特の参拝をする。そのため、毎月末の深夜はことのほか賑わう。春秋の休日に出かけてみると、人の多さに驚かされる。年間200万人といわれる参拝客の目的は、月越し参りや初詣などの参拝だけでなく、門前町での食事や買い物をすることにある（図1）。

軒を並べる商店には、川魚料理の店や漬物屋さんが多い。このほか、土産物・衣料品・雑貨・果物屋・植木屋などが所狭しと建ち並ぶ。そして、神社をはじめ人の集まる場所でしばしば見かける水石や水晶・宝石などを陳列する石屋さんが、千代保稲荷神社の門前町にも二軒あった。30年以上前のことである。私は、ある店の前で、目が釘付けになった。庭先に、図鑑で何度もみた地球最古の生物の化石が転がっていたのである。

地球上に最初に生命が誕生したのは約35億年前。地球の生成は、およそ45億年前と考えられているので、地球が生まれて10億年間は、生物のいない時代が継続した。現在、わかっている最も古い生物の化石は、ストロマトライトの名で知られるシアノバクテリア。青に近い藍色の色素を持ち、光合成をおこなうラン藻の仲間である（図2）。ラン藻は生物分類のうえでは原核生物に属し、最も下等な生きものに位置づけられる。細胞に核膜がなく、DNAとそれを囲む膜構造だけで成り立っている。大腸菌も同じ原核生物である。

シアノバクテリアは太陽光が降り注ぐ昼間に光合成をおこない、夜間活動を停止する。このとき、水中を漂う砂や泥の粒が体に付着して固まり、縞模様ができる。ストロマトライトは、シアノバクテリアの長期間の生命活動によって作られた生痕化石なのである。生物そのものは、失われて残っていない。縞模様や同心円模様のついた石は、コレニア（松島、1970）という藻類の名称が与えられ、先カンブリア代を代表する生物化石として、化石図鑑の最初のページを飾っている（益富・浜田、1969）。

　おちょぼ稲荷に、コレニア入り大理石の石片が存在するには理由があった。千代保稲荷神社がある平田町は大理石産地の大垣市に近く、石材加工メーカーの矢橋大理石株式会社が建築材として輸入し加工したのちの大理石の切れ端を工場の裏に捨てておいた。これを店の主人が見つけ、拾ってきたという。

　地球最古の化石の入った石材は、現在、わが家の表札になっている（図3）。

図1　参拝客で賑わう千代保稲荷の参道

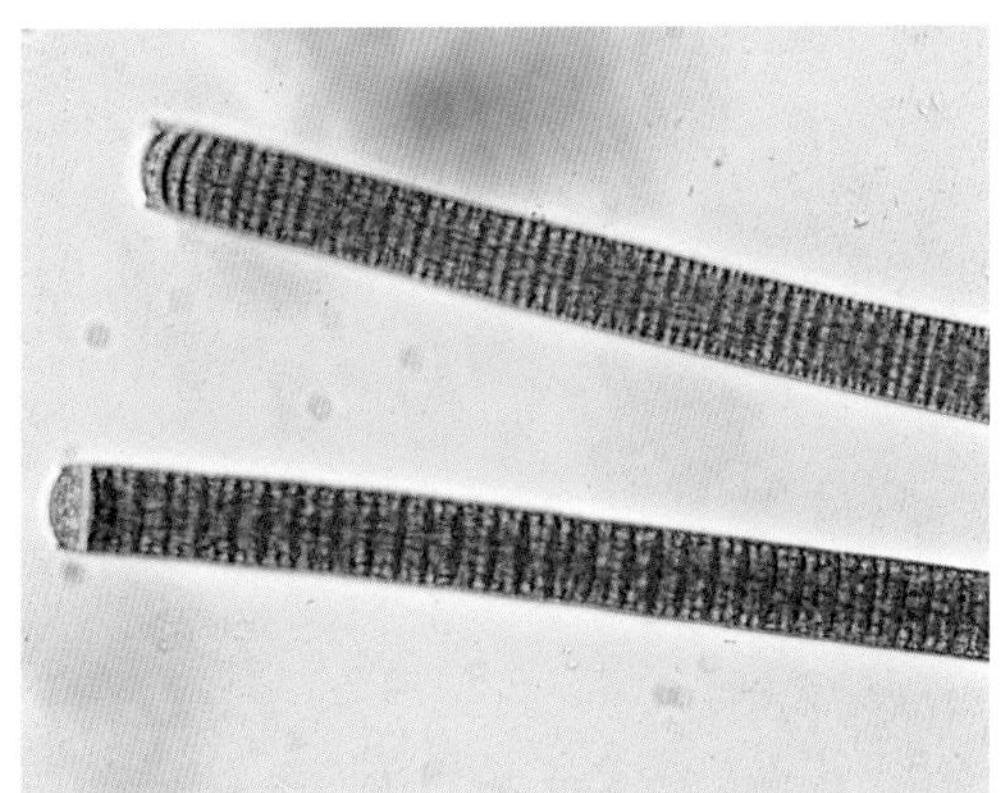

図2　ラン藻の一種ユレモの顕微鏡写真

図3　地球最古の化石が入った森家の表札

＊＊＊

平田町の名は、江戸時代の宝暦4（1754）年、江戸幕府に命じられ木曽三川の分流工事にあたった薩摩藩家老・平田靭負に由来する。宝暦治水と呼ばれる。この工事は困難をきわめ、翌年宝暦5年に完了した。あまりに過酷な労働や資金調達の苦労などもあり、薩摩藩士51名が自害、33名が病死したとされる。工事完了後、工事の指揮にあたった平田靭負自身も自害している。

平田町は、揖斐川と長良川が錯綜する海抜ゼロメートル地帯に位置していて、明治時代以降も何度も水害に悩まされてきた。かつて「四刻・八刻・十二刻」という言い伝えがあった。この言葉は、雨が降り始めてから洪水になるまでの時間を言ったものだ。揖斐川で四刻（8時間）、長良川で八刻（16時間）、木曽川では十二刻（24時間）経つと洪水に見舞われるとされた。

平田町を襲う洪水までの時間は短い。夜に強い降雨があった場合には、その日の午後には早くも堤防が決壊する恐れがあった。そのため、家々はわずかな高まりを求め寄り添うように建てられており、千代保稲荷がある須脇や三郷の集落は、揖斐川に注ぐ大榑川の自然堤防上の高台にのみ立地している。遠望すると、集落が立ち並ぶ地形面が周りの田んぼよりかなり高くなっていることがわかる（図4）。千代保稲荷の位置する地形面は、周囲の田んぼよりおよそ6m高い。それをさらに盛り上げて屋敷地としているので、須脇集落を歩くと家の玄関がずいぶん高いところにあるのに驚かされる。

図4　千代保稲荷が立地する6m高い地形面

2

世界最大規模の噴火だった濃飛流紋岩

●下呂市

図5　下呂市の観光名所中山七里

中山七里は、飛騨川が侵食してできた全長28㎞の渓谷をいう。春は桜やツツジ、夏はホタル、秋には紅葉が美しい。岐阜県下呂市の観光名所の一つである（図5）。

中山七里の名は、その昔、飛騨の国主となった金森長近が豊臣秀吉の許しを得て、下呂と飛騨高山とを結ぶ飛騨街道を開削し、飛騨川沿いの最大の難所を約7里にわたって道路建設にあたったことに由来する。切り立った崖の間を飛騨川が流れ、道路も鉄道も狭い谷間を縫うように通り抜ける。奇岩や怪石、そそりたつ岩山は、白くて硬い岩石で作られている。近づいて見ると、暗灰色の透明鉱物が斑に散りばめられた火山岩であることがわかる。正しくは溶結凝灰岩である。

まだ記憶に新しい2014年9月27日の御嶽山の火山噴火。不幸にして休日の正午を挟んだ時間帯に火山が噴火したため、多くの登山者が犠牲になった。このときの噴火は水蒸気爆発が主体であったが、同時に火砕流も観察された。火砕流とは、火山噴火に伴って発生した高温の火山砕屑物が火山ガスや水蒸気などとともに山体を高速で流れ下る現象をいう。溶結凝灰岩は、火砕流によって作られる。火砕流は、九州の雲仙普賢岳やフィリピンのピナツボ火山の噴火の際にも発生し、多くの火山災害をもたらした。

濃飛流紋岩は、岐阜県北部から南東部にかけて、長さ約100km、幅25～50kmにわたって分布する。白川郷から高山盆地を経て、御嶽山にのび、恵那山に至る。恵那山は、濃飛流紋岩の分布の南端に位置している。分布面積はおよそ3500km^2に及び、岐阜県の面積のおよそ三分の一が濃飛流紋岩で占められる（中津川市鉱物博物館、2011）。その厚さは平均1500～2000mと推定されていて、噴出したマグマの全体量は、5000～7000km^3と見積もられている（山田・小井土、2005）。これは、火山噴火史上、世界最大級の噴火であった（中津川市鉱物博物館、2011）。

濃飛流紋岩を40年以上にわたって研究してきた岐阜大学名誉教授の小井土由光によれば、濃飛流紋岩の噴火活動は、約8500万年～6800万年までのおよそ1700万年間継続し、この間6回の活動期があったとされている。中生代白亜紀から新生代古第三紀にあたる。

濃飛流紋岩を噴出する火山噴火では、噴火が継続する間、一度も大きな山体をつくることなく、「コールドロン」と呼ばれる、急な崖で囲まれた円形ないし多角形の陥没地形の中で、大規模な火砕流の噴出を繰り返した（小井土・山田、2005）。カルデラ噴火だったと考えられる。

噴煙は対流圏を突き抜けて成層圏にまで達し、火山から放出されたエアロゾルが長期にわたって太陽光を遮蔽した。人類が文明を築いた後は、このスケールの噴火は一度も起きていない。ある意味で人類は幸運に恵まれて人口を増やし、繁栄を謳歌してきたといえる。

濃飛流紋岩の噴出期は、地球上で多くの生物が絶滅した時期と重なっている。陸上動物では恐竜、海中生物ではアンモナイトが姿を消した。岐阜県を覆い尽くした濃飛流紋岩の噴火が生物進化に決定的な影響を与えたという説があるというが、うなずける話である。

＊＊＊

中山七里で見られる濃飛流紋岩と同じ岩石が作る柱状節理を、郡上市和良町鹿倉で観察することができる（図6）。中山七里から県道256号線を西にとり和良の集落

図6　郡上市和良で観察できる濃飛流紋岩の柱状節理
濃飛流紋岩は、岩石学的には溶結凝灰岩であることに疑いはない。つまりはカルデラ噴火などにより火砕流が山体周辺に存在した火山灰や火山礫などを取り込みながら流れ下った火山砕屑岩の一種である。そのため、特有の溶結構造が見られることを特徴とする。しかし、郡上市和良の濃飛流紋岩は、一見閃緑岩や花崗岩にも似た均質の顔つきの火山岩である。ここでは濃飛流紋岩がシート状に大規模貫入し、順次規則正しく冷却したため、このような美しい柱状節理が発達したのである。

に入ったら道の駅和良の東側を鹿倉川に沿って走る。鹿倉集落を左折した和良川上流部の崖に見事な露頭が突如出現する。柱状節理は、冷却による体積収縮にともなう割れ目である。ここで見られる岩体は高樽溶結凝灰岩と呼ばれ、濃飛流紋岩の6回の活動ステージの中では4番目にあたる。最も大量に火山砕屑物と火砕流を噴出したころのものとされ、ルビジウム・ストロンチウム年代で約7100万年（白波瀬、1984）の年代値が得られている。ここで見る溶結凝灰岩は、直径約2㎜の石英粒を大量に含み、どこでも変わらぬ均質な顔つきを持つ深成岩のような雰囲気の溶結凝灰岩である。

❸ 天下分け目の決戦地はなぜそこに

◉関ヶ原町

古代最大の内戦・壬申の乱、室町幕府を確立させた中世の激闘・青野ヶ原の戦い、近世最大の会戦・関ヶ原の戦い。三つの戦いがいずれも同じ地でおこなわれたのはなぜか?そして、その結果が歴史を大きく動かしたのはなぜか?

東京大学史料編纂所教授で歴史学者の本郷和人氏が、著書（『壬申の乱と関ヶ原の戦い――なぜ同じ場所で戦われたのか』）の中で、解説を試みている。東国の勢力が西に攻め上がろうとするとき、両者がぶつかり合う場所こそ不破、つまり関ヶ原だった。不破はひとことで言えば、西国の富を奪おうとする東国から来る野蛮な勢力が、西国に侵入する際の入口だった。西国側が入口付近で侵入をくいとめようとすれば、どうしても不破の地で戦いが起こる。関ヶ原の戦いをしかけたのは東軍の総大将・徳川家康であり、これを迎え撃つ場所は古代・中世の戦いと同じく、関ヶ原にならざるを得なかった（本郷、2018）。

関ヶ原は、昆虫考古学を志す私の原点となった町である。小学校3年生から中学校3年生までの7年間、私は夏休み40日間のほとんどを関ヶ原で過ごした。母の実家のあった関ヶ原の親戚の家に、父母が私たち3人の子どもを預けたからである。兄二人は早々に引き上げたが、虫取りに夢中だった私はいつも長く居座った。

JR東海道本線の関ヶ原駅で下り、ニチボウの大きな工場を横目に町の北部に位置する瑞竜の坂道を登った。その坂は、妙にきつかった。そして、なぜか大きく左にカーブしていた。まだ小さい頃、前を歩く田内のお兄ちゃん（いとこの田内末人さんのこと）の姿が急に見えなくなって、不安になったことが何度もある（図7）。そこに関ヶ原断層が通っていることを知ったのは、ずいぶんのちになってからである。

『新編日本の活断層』（東京大学出版会）によれば、関ヶ原断層は長さ17㎞、確実度I、活動度AないしBの活断層である（活断層研究会、1991）。関ヶ原断層は伊吹山地南麓を縁取り、西北西から東南東に延び、北側が隆起し同時に北側が西（左）へ南側が東（右）に移動する左横ずれ断層である（愛知県防災会議、2000）。関ヶ原断層が重要なのは、敦賀湾東岸の甲楽城（かぶらき）断層より琵琶湖北東の柳ヶ瀬断層へ延長される敦賀湾－柳ヶ瀬断層系と、養老山地東麓の養老・桑名－伊勢湾断層系の二つの大断層をジョイントし、西落ち断層から東落ち断層に変換するという、きわめて高度な役割を担った活断層であることだろう。周波数50ヘルツの東京電力の配電網から、60ヘルツの中部電力の配電網へと変換するようなものだ。

図7　左横ずれの関ヶ原断層で大きく左に屈曲する瑞竜の坂道

図8　黒田長政が陣を構えた岡山烽火場。関ヶ原断層で分断されたケルンバット上に位置している

　では、この断層は関ヶ原のどこを通っているのだろうか。瑞竜寺南方に小高い丘がある。関ヶ原の戦いの折り、岡山烽火場（丸山ともいう）として黒田長政が陣

図9　中田池（中央）と背後の山との間を通過する関ヶ原断層*

を構えた場所である（図8）。そこは、関ヶ原断層の活動により分断された分離丘陵だった。地形学では、ケルンバット（断層小丘）と呼ばれる。烽火場の丘が東（右）方に延びるようになっているのは、関ヶ原断層が左横ずれ断層だからである。瑞竜の坂道が、左にカーブするのもそのためである。

関ヶ原断層は、烽火場の西方に位置する中田池・小栗毛池・八幡池の三つのため池と背後の山との間を通り、石田三成の陣地まで延びている（図9）。現在、柵が設けられ「石田三成の陣跡」とされた小丘も、烽火場同様、関ヶ原断層によって削り取られたケルンバット地形と考えられる。石田三成はこの小高い丘に前進基地を設け猛将・島左近を配したうえで、自らはさらに高所に指揮所を置くという徹底した陣構えで決戦に備えたのである（図10）。

三成の前進基地と、背後の笹尾山との間を関ヶ原断層が通過し、西方へは関ケ原町玉から滋賀県米原市藤川、同上平寺方面に延長される（活断層研究会編、1991）。同様の考え方は、活断層の専門家として名高い岡田篤正が「愛知県とその周辺の活断層」のなかに詳しく記載している（岡田、2000）。

図10　関ヶ原断層で高くなった地形面上に位置する石田三成の陣地

岐阜県の高校の先生だった林譲治は、関ヶ原断層について調べ、同断層が東側で二本に分かれ、岡山烽火場を分離させた断層は主断層の南側に延びる副断層とした（林、2011）。林は、大栗毛川の西岸において断層破砕帯を見つけ、大栗毛川の流路が大きく左横ずれしているとも書いている。

私の小中学生のころの昆虫採集の日々は、岡山烽火場裏の小道を抜け、中田池の土手を歩いて小栗毛池に至りそこから北へ延びる林道を歩くルートであった。小栗毛池から林道を少し入ると、道は上り坂になり急に薄暗くなった。盛夏のころ、林道横のクヌギの樹幹にカブトムシやミヤマクワガタ・ノコギリクワガタなどが群がっていた。アオカナブンやミヤマカミキリを初めて採集したのもこの林である（図11）。今日、研究用に用いる私の昆虫標本のかなりの部分は、関ヶ原で採集したものである。

図11　昆虫採集のために分け入った小栗毛池北の林道

そして、今振り返ってみると、私は毎年夏、関ヶ原に来て関ヶ原断層を体感していたことになる。瑞竜の坂で左に曲がったのは関ヶ原断層のせい。岡山烽火場裏手の道で関ヶ原断層により生じた鞍部を歩き、はやる心で小栗毛池北の暗い林道に入るとき関ヶ原断層を常に上り下りしていたのである。

はたして、西暦1600年関ヶ原の戦いのとき、三つのため池は存在していたのであろうか。そんな疑問がムクムクと湧き起こってきた。東軍の最右翼を務めた黒田長政は5400人の兵を率いて参戦し、石田三成本陣にいた猛将・島左近の兵と激突したとされる。関ヶ原合戦の陣立や武将配置図を、今日の地図に重ねてはいけない。明治24（1891）年に作成された地図には小栗毛池の姿はない。中田池の起源はおそらく関ヶ原断層の左横ずれによって生じた河道跡であり、中田池がため池の形状を呈したのは江戸時代末期の嘉永年間のころという（関ヶ原町役場高木昌彰氏による）。関ヶ原合戦の際、土手が十分機能していなかった中田池一帯を黒田隊がズブズブ歩いて進軍することはおそらくなかっただろう。八幡池周辺についても同様である。

関ヶ原の戦いがなぜそこでおこなわれたのか？　関ヶ原の戦いがおこなわれたころ、そこがどんな状況を呈していたのか？　関ヶ原断層の存在を視野に、地形学や地質学の立場から眺めてみることも必要ではないかと思う。

＊＊＊

関ヶ原断層の活動について、『新編日本被害地震総覧』（宇佐美、1996）に、天平地震の記載がある。西暦745（天平17）年4月27日、マグニチュード7・9のまれにみる大地震が発生し、美濃にて櫓館・正倉・仏寺・堂塔・百姓盧舎多く倒壊したという。この地震は、おそらく関ヶ原断層が引き起こしたものと考えられる。それから841年後の1586（天正13）年1月18日にも養老－伊勢湾断層系で大地震が発生した。天正地震である。この地震はヨーロッパ人宣教師フロイスの記述にもあるように、福井県の高浜周辺に大津波をもたらした。天正地震では養老－伊勢湾断層のみならず、敦賀湾－柳ヶ瀬断層系も同時に活動したと考えられるのだ（森、2022）。そして天正地震の際には、関ヶ原断層もまた動いたことは想像に難くない。天正地震は関ヶ原の戦いの14年前のことであり、震災の記憶がまだ生々しかった関ヶ原の地に、東西合わせて15万人の将兵が押し寄せたとすれば、不破に住む人々にとってこれは地震以上に大きな災難だったことは間違いない。

＊関ヶ原断層の位置について、林（2011）の考えをもとに中田池と背後の山との間を通るとしたが、現地調査を踏まえ関ヶ原断層の主断層は中田池南側の土手付近を通過している可能性が高い。なお、林（2011）は関ヶ原断層を2本引いている。

養老菊水は南の島からの贈り物

◉養老町

図12　滝谷扇状地を北側から眺める

養老の滝に行くには、養老鉄道の養老駅でおり、西に向かって歩く。あるいは、養老公園の駐車場に車を停め、遊歩道を歩く。いずれも坂道を登ることになる。

坂道の傾斜は、そのまま養老の地形面をつくった滝谷扇状地の扇面の傾斜角を示している（図12）。養老駅からのルートだと、滝谷扇状地の扇央部から扇頂部まで歩くことになる。これで扇状地全体の3分の1ほどの距離だ。滝谷をのぞき込むと、岩石がボロボロになっているところがある。断層破砕帯である。砕かれている岩石はチャートであろう。

谷を登りつめたところに養老の滝がかかっている（図13）。滝の落差は31m。産総研のシームレス地質図を見ると滝がかかる部分に断層が位置していて、滝の落差のすべてが断層活動により生じたものであるか定かではないが、養老の滝が断層でずれた部分にかかっていることがわかる。地質図では、もう一つ養老の滝周辺地域のみが不思議な地質構造になっていることを読み取ることができる。青と緑、オレンジ色の3色のしま模様が東側に開いた馬蹄形を示していて、北側では断層でさらにずれている。青色は石灰岩、緑色は玄武岩（緑色岩）、オレンジ色はチャートである（宮村、1988）。この構造を、どう読み解けばよいのだろうか。

滝谷で拾った石灰岩には不明瞭ながら、フズリナやサンゴの化石が入っている。古生代ペルム紀の岩石である。同じく滝谷で拾った

図13　断層でずれた部分にかかる養老の滝

玄武岩は、海底火山の産物と考えてよい（図14）。いずれもおよそ2億5000万年前のもの。それらが曲げられたうえ、養老山地の中にくいこむように張り付いているというわけだ。養老山地を構成するチャートや砂岩は、中生代ジュラ紀の付加体であることがすでにわかっている。あえて年代を与えればおよそ1億5000万年前のもの。両者には、少なく見積もって1億年くらいの年代差があることになる。これらが、同じ場所で接するには、断層か不整合しか考えられない。ここでは、小規模ながら海山とその上部に発達したサンゴ礁よりなる「火山島－サンゴ礁システム」が中生代ジュラ紀の付加体の中にめり込んでいるのだ（図15）。

養老の滝の北側に、岩壁にしめ

縄をはった小さな拝殿がある。養老神社と書いてある。本物は下にあるので、養老神社の出店のようなものだ。そこをまわりこんで下ると、養老神社に出る。「名水百選・菊水泉」の看板があり、石でつくった瓢箪から水が出ている。これが、世にいう孝子伝説につながるありがたい水であろう。諸説あるが、そのうちの一つを紹介しよう。

昔々、あるところに大変親孝行の息子がいました。父が重い病にたおれ、朝夕ことあるごとに「ひとくち酒が飲みたい」とたの

図14　滝谷で拾った石（下２つは玄武岩、上方３つは石灰岩）

図15　付加体の砂岩（黄色）やチャート（オレンジ色）中にめり込む石灰岩（青色）と玄武岩（緑色）
産総研シームレス地質図より

みました。極貧の家に酒を買うお金などあるはずもなく、息子は困りはてたあげく、酒をもとめてフラリと家を出ました。山の中をヘトヘトになってさまよい歩いたすえ、疲れはててふと足もとを見ると、谷間の清水からこんこんと水が湧き出ていました。思わず水をくんでゴクリと飲んだところ、ほのかな香りがします。そこには、なんと酒が湧き出ていたのでした。息子は、その酒を瓢箪につめてもち帰り、病いの父に飲ませたところたいそう喜ばれた、という話（孝子伝説）が伝わっています。

図16　孝子伝説のもととなった養老の滝の「菊水泉」

　この話を多少なりとも科学の立場で考えてみると、養老神社周辺から湧き出る「菊水泉」（図16）の水は、周辺地域の養老山地を流れる谷水とは異なった地質体をくぐり抜けた水である。玄武岩や石灰岩の間を浸透し流れる水が、カルシウムや鉄・マグネシウムなどミネラル分を多く含むことは十分考えられる。玄武岩は古生代ペルム紀に噴出した溶岩が冷え固まったものだし、石灰岩は火山島の上に生活した多くの微生物の遺骸が集積した岩石である。養老の菊水泉が、そうした地質を反映した伏流水だとしたら、味が異なるのはむしろ当然のことだろう。

　孝子伝説の話を聞きつけた元正天皇がこの地を行幸し、ありがたい逸話をもとに霊亀3年を養老元年に改めたという話が『続日本紀』にあるというが、これが事実だとすれば地質が歴史を変えたことになる。

⑤

4階建ての大滝鍾乳洞、上段ほど古く下段は成長途上

◉郡上市

図17　大滝鍾乳洞の中を流れ落ちる滝

大滝鍾乳洞は、郡上市八幡町にある。名古屋から車で二時間余り。盆踊りで有名なこの町の鍾乳洞は、猛暑の時期、チケット売り場に行列ができるほど人気だった。美濃帯の古生代ペルム紀の石灰岩が点在するこの地帯には、多くの鍾乳洞が発達している。郡上八幡周辺にある大小の洞窟の数は50を超すという。大滝鍾乳洞はその一つで、奥に大きな滝があるので知られた賑やかな観光洞である（図17）。

木造のトロッコで急坂を登り、洞の入口まで連れて行ってくれる配慮がいい。寒さを感じるほどの気温の較差に涼味を満喫しながら洞内に踏み込むと、照明の下に展

図18　大滝鍾乳洞内部の鍾乳石

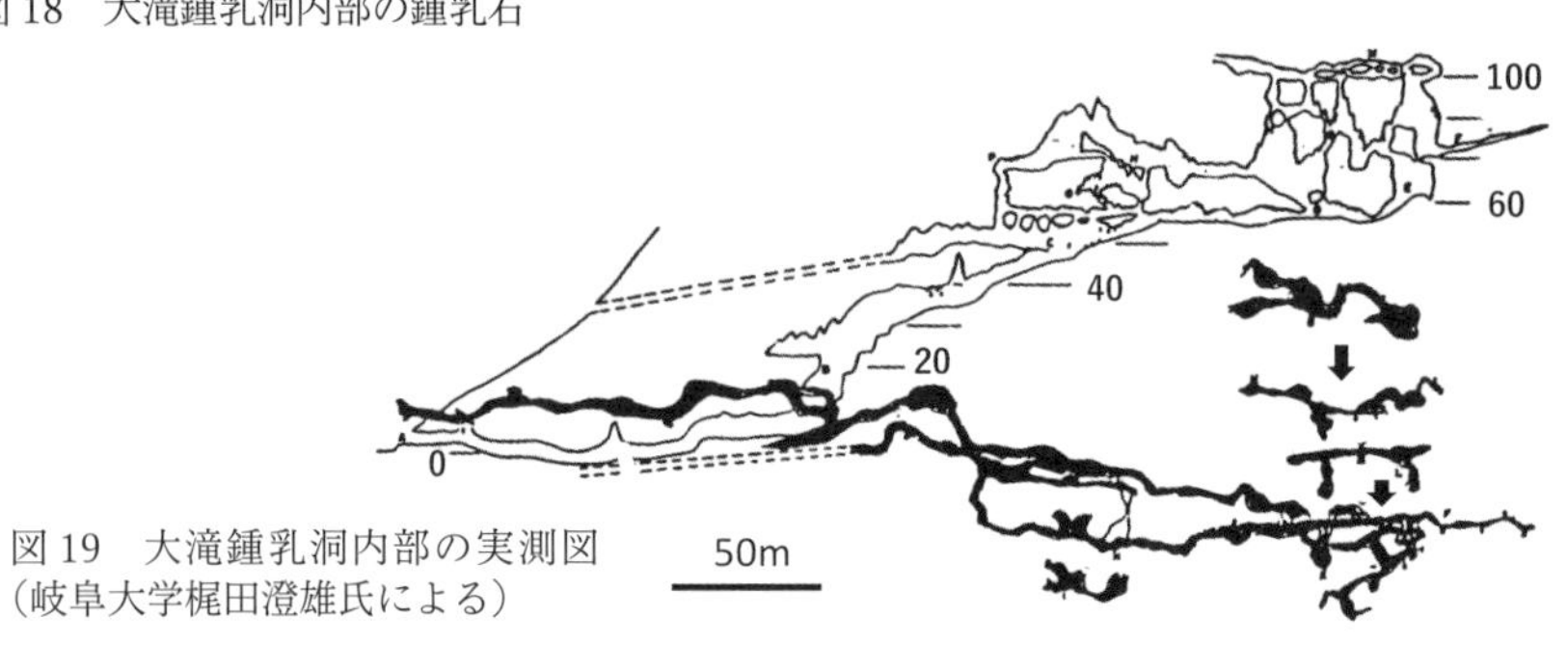

図19　大滝鍾乳洞内部の実測図
（岐阜大学梶田澄雄氏による）

開する神秘の世界、鍾乳石や石筍の美しさに目を奪われる（図18）。そのうち慣れてくると梯子や階段の昇降が多いわりに、曲がり角や枝分かれがほとんどないのに気づく。

図19に示すように、この洞窟はほぼ東西に延びる直線状の平面形になっていて、東へ高くなる階段状の側面形をもつ横穴式の鍾乳洞である。この洞窟を調査した元岐阜大学教育学部地学教室の梶田澄雄氏によれば、洞口のレベルをゼロメートルとすると、奥に向かって55m、67m、88mの計4段の洞窟レベルがあって、これらは東西に延びる同

一の断層面上にあり、上下に連絡している場所が多いという。4段になっているのは、断層に沿って石灰岩を溶かしている地下水の水位がこのレベルで安定していたからであり、各レベルをつなぐ竪穴は、水位の変動による侵食の産物である（木村、1994）。このように地下水は上段から竪穴を作って下方へ流れ、安定したレベルで再び横穴を作る。つまりは上段の横穴ほど古いことは段丘地形と同じで、洞窟の鍾乳洞も上段のものほど風化が進み、下段のものはまだ小さく成長段階にある。中段のレベルの鍾乳石が最も見事という説明は、それが成熟期にあるという理由で納得できる。

鍾乳洞を作った地下水の水位が、洞窟外の段丘地形、とくに河岸段丘面と密接に対応する場合が多いことも知られている。地下水面は河川や湖、海の水面にそのレベルがリンクしており、段丘面は当時の安定水面と一致するからである。このことは鍾乳洞の生い立ちを知るうえで重要である。

ところで、鍾乳洞に入る前、入口の右側に大滝鍾乳洞を調査した梶田澄雄氏の名による説明板が掲げられている。鍾乳洞を作る鍾乳石の形状にアンソダイト型（石花鍾乳石）や、ヘリグマイト型（筒状の石筍）、ヘリクタイト型（つらら状鍾乳石）などがあることや、洞窟を作る母岩の石灰岩中に古生代ペルム紀のフズリナ化石が含有されることが記されている。その結果、2億数千万年前には郡上八幡地域が海域であった、と書いている。

今から52年前の1971年ころの地球科学の常識としては当然の見解であるが、その後プレートテクトニクスが導入され、わが国に分布する石灰岩がはるか東方海域のサンゴ礁をつくっていたものだったことを知る由もない梶田としては、「郡上八幡地域が海域だった」と書いた説明板は、地質学者として何とか面目を保つ内容にはなっている。

筆者は、観光地や地方の資料館などに掲げられている地学関係の説明について、今日の地質学の常識に照らして妥当なものになっているか、気をつけて見るようにしている。さすがにジオパークに認定されたジオサイトの説明板ではほとんど問題ないが、何気なく訪れた観光地の看板にびっくりするほど古い考え方の説明が書いてあって驚くことがある。

❻

長良川中流域の付加体を探る

◉郡上市

長良川は、岐阜県郡上市の大日ヶ岳（標高1709m）に源を発し、三重県を経て揖斐川と合流し、伊勢湾へと注いでいる。木曽川が花崗岩や濃飛流紋岩が分布する地域を流れてきて、結果として石英や正長石を中心とした真っ白の砂を運んでいることはよく知られる。

私は三重県に住んでいるので、名古屋に出るとき電車であれ車であれ必ず木曽三川を渡らなければならない。そんなとき、よく木曽三川の川面をのぞきこむことがある。木曽川の水面はいつも明るく河道周囲の砂は白く輝いているが、長良川の川面は暗く周囲の堆積物は白くない。

2021年、三重県立桑名高等学校理数科スーパーサイエンスハイスクール地学研究室の研究活動の一環で、桑名市内の2カ所でボーリング調査を実施した。桑名市内のどこが液状化しやすいか調べるためである。桑名市多度町上之郷と同長島町松蔭にて地下15mまで機械ボーリングをおこない、地下に存在する堆積物の粒度分析を実施した。多度町は揖斐川の右岸、長島町は長良川の左岸に位置している。

この過程で驚いたことがある。愛知県内の津島市や愛西市、稲沢市などで見ていた砂粒の色と、桑名市内2カ所で採取したボーリング試料の砂の色がまるで違うのである。愛知県内はどこも白い砂だったのが、長島町では暗灰色ないし黒灰色の砂、多度町でも暗灰色の砂のみで構成されていた。これは、川が侵食し運搬してくる場所の地質が違うからである。

今回のテーマは、長良川をさかのぼり中流域の地質を語るのが目的なので、下流部よりたどることとする。長良川は、最下流では岐阜県の輪中地帯を流れるが、上流をたどると大垣市から岐阜市内を流れている。羽島市や大垣市内を南北に流れる間は、周りの標高は著しく低い。長良川は、安八町や輪之内町など水害常襲地帯を揖斐川と寄り添いながら流れている。地質はすべて第四紀完新世の氾濫平野域にあたる。長良川が東に流路を変えるところから地質は変化し、長良川左岸の岐阜駅がのる台地は、長良川のつくる扇状地、岐阜城が建造された金華山周辺は中生代ジュラ紀の付加体ゾーンに入る。標高329mの金華山は、全山チャートで構成されている。

図20　長良川右岸のメランジュ（郡上市美並町苅安）
チャートや砂岩のほか玄武岩が混在している

岐阜市内から北へ40km、東海北陸自動車道美並インターチェンジを出て郡上市美並町苅安の長良川右岸でメランジュを見ることができる（図20）。メランジュとは、海洋プレートの上にのった各種岩石が押しつけられ、ギューギュー詰めにされ断片化して混じり合った地質体である。混在岩とも訳されるが、混在岩の名称は砂岩や泥岩、チャート、玄武岩、石灰岩など多くの岩石が重なり合って分布する地域全体をさす場合もあるので、メランジュと呼ぶ方が正しい。苅安の露頭では、チャートや砂岩、玄武岩などが引きちぎられて混在する様子を観察することができる（小井土編、2011）。

さらに上流の美並町浅柄では、玄武岩の枕状溶岩が並んで配列される状況が確認できる（図21）。黒っぽい岩石のなかに黒っぽい楕円の枕状溶岩の断面形が重なっているため光の状態によってはわかりにくい。海嶺上やホットスポット上にあった海底火山がマグマを噴出する場合、粘性の乏しい玄武岩溶岩が噴出することになる。噴出した溶岩は海水と接触すると急冷し、しかも高い水圧下のもとでは速やかに安定な球形を呈する（枕状溶岩）。しかし枕状溶岩の内部はまだ十分冷えていないため、内部のガス圧が高くなると再び溶

図21　大小さまざまな枕状溶岩（郡上市美並町浅柄）

岩を溢れさせる。その結果、この露頭で見るような大小さまざまな枕状溶岩ができるのである。

郡上市周辺では、付加体の地質は、このほか長良川の川岸にべったり張り付くように随所に分布するが、長良川の侵食力が大きく、川の側壁が切り立っているため川岸に下りることが難しい。

長良川の差別侵食と洪水時における激流が作り出した珍しい地形を郡上市西乙原で見ることができる。長良川は、長さの割りに高低差が小さい河川である。長良川の分水嶺は郡上市蛭ヶ野高原の標高870m付近にあって、長良川は郡上市内を流れる間に流速を弱め美濃市や関市を経て岐阜市内に至る。郡上市内を流れる長良川は平野部を流れる河川と同じく、少しでも削りやすいところを選び側方侵食を繰り返しながら流れ下る。結果、曲がりくねった川となる。しかし、ひとたび大雨が降ると曲がりくねった河道は用をなさなくなり、ショートカットが起こる。こうして生まれた地形が環流丘陵である（図22）。環流丘陵の生成には、硬軟の地質の存在と山側の継続的な隆起が必要となる。

長良川は、郡上八幡の市内に入ると水流を二つに分かち、その一方が吉田川となって高山市と郡上市の境界にそびえる鷲ヶ岳や烏帽子岳の東側に分け入っている。長良川本流は鷲ヶ岳−烏帽子岳山体の西側を流れ蛭ヶ野高原に至る。

優美な木造天守として知られる郡上八幡城は、吉田川を見下ろす高台に建設され、石垣用材は、城下に分布する付加体の砂岩を用いている。また、美濃帯の付加体は吉田川の河道付近に延びる東西性の断層で大きく地質体を異にし、

図22　側方侵食の結果生じた環流丘陵（中央の小高い丘）

最も中心部に位置したと考えられる古生代ペルム紀の石灰岩や玄武岩が吉田川の南側に帯状分布している。このエリアの中に、およそ50に及ぶ大小の鍾乳洞が生じているのである。

＊＊＊

郡上市内には、大滝鍾乳洞のほか、美山鍾乳洞・縄文洞・郡上鍾乳洞など見学可能な鍾乳洞が多数存在する。いずれも鍾乳洞近隣に玄武岩が分布していて、これらの石灰岩洞窟が、古生代ペルム紀のころの海底火山活動で噴火した火山島の上に成立したサンゴ礁だったことを示している。美山鍾乳洞（熊石洞）はタテ穴が発達した迷路型の鍾乳洞である。美山鍾乳洞からは、ヤベオオツノシカやナウマンゾウ・ヘラジカ・ヒグマなど北方系の動物が多数確認され、氷河時代に生息した動物たちが鍾乳洞に落ちこんで化石化したと考えられる。縄文洞は名のとおり縄文時代前期～中期のころの縄文土器片が見つかっていることから、縄文人がこの鍾乳洞を利用して生活していたことが知られている。郡上鍾乳洞は、鍾乳石は多くないものの洞窟内の水量が豊富な鍾乳洞とされている。

❼ 濃尾地震――美濃では根尾谷断層、尾張では液状化

◉本巣市

濃尾地震の発生は、1891(明治24)年のことである。この年5月11日、日本を訪問中のロシア帝国ニコライ・アレクサンドロ・ロマノフ皇太子(のちのニコライ2世)が滋賀県大津市で警察官・津田三蔵に切りつけられ、右側頭部に重傷をおった。大津事件である。当時、列強の一つであったロシアとの外交問題に発展しかねない大事件に際し、明治天皇はすぐさまニコライを見舞っている。ロシア帝国艦隊を率いてわが国を訪問した要人に対する殺人未遂事件に、日本は騒然となった。事件が13年後の1904(明治37)年、日露戦争につながる伏線になるとはこのとき誰も気づいていなかった。

大津事件の騒動が冷め切らない10月28日の早朝6時38分。東海地方は、大地が割れるほどの巨大地震に見舞われた。内陸で発生したわが国最大の地震である。日本で発生する地震には海溝型と活断層型があるが、濃尾地震は後者に属する。濃尾地震を引き起こした活断層は、福井県南端の今立郡池田町から岐阜市の北東に至る温見断層・根尾谷断層・梅原断層とされている。すべて北西から南東方向に連なる一連の活断層系である。それらは、濃尾平野の地下を北北西から南南東方向に横切る岐阜―一宮線へとつながっており、この断層線も同時に活動した。濃尾地震における死者は、7273人に達し、全壊家屋は14万2177戸、山崩れは美濃を中心に1万0224カ所に及んだ。

地震動は仙台以北を除く、西南日本のすべての地域で有感地震となった。岐阜県本巣市根尾では、北東側が約6m隆起し、北北西方向に約2m横ずれしている。濃尾地震が発生したことにより、「水鳥の断層崖」と呼ばれる特異な断層地形を生じ、ここで撮影された写真は、日本のみならず世界の地震学の教科書に使われるほど有名なものとなった。現在でも高校地学の図表には、活断層の例として

水鳥の断層崖の写真が掲載されている（図23）。

１９９３年、根尾村（当時）は濃尾地震１００周年を記念して、水鳥の断層崖の南東端にピラミッド型の「地震断層観察館」を建設した。施設の内部には、根尾谷断層のトレンチ調査の結果、出現した断層露頭が展示されている。写真は、根尾谷断層を西側から見た断面であり、左側（北側）が約６m垂直に持ち上がっている。断層で接しているそれぞれの地層は、中生代ジュラ紀の泥岩と第四紀完新世の礫層である。完新世とは、およそ1万年前以降に堆積した最新の地層であり、ここでは最新の地層と約1億年前の海に堆積した地層が一度の地震で６mも移動し、直接接しているのである（図24）。

図23　水鳥の断層崖。看板の位置から左後方に断層で生じた崖が連続している

図24　地震断層観察館内で保存・展示中の断層露頭。根尾谷断層により左側（黒い地層）が垂直に6m持ち上がったことがわかる

　断層館から約５㎞北に行った根尾の中地区では、屈曲した茶の木の列を見ることができる。根尾谷断層に伴う横ずれの跡である。茶の木は年を経てもあまり大きくならないらしく、かつ寿命の長い木でもある。１８９１年の濃尾地震で横方向に約７ｍずれたまま、今もその状態を保持している。横ずれ量を直接示す茶の木の姿を、こうして今見ることができるのは、根尾谷断層に伴う横ずれ変位があったことの重要性を認識し、所有者が現状保存を代々継続してこられた結果である（図25）。

図25　根尾谷断層に伴う茶の木の横ずれ（根尾中地区）

　濃尾地震では、濃尾平野における被害も相当深刻なものがあったようである。愛知県内の被害に関連し、濃尾平野中央部を北北西－南南東方向にＪＲ東海道線に沿って延長される被害集中域の存在に着目し、井口（1894）はこの付近に震裂波動線があるとした。岐阜－一宮線である。村松（1963）は、濃尾地震の際、この付近を境に東側では０・７ｍの緩やかな隆起、西側では０・３ｍの沈降が認められたと書いている。

　岐阜－一宮線の南端に位置する愛知県清須市で、清洲城下町遺跡を発掘すると１５８６（天正13）年の天正地震と濃尾地震の地震痕がほぼ必ず現れる（森、2022）。前者の地震痕は噴砂丘や砂脈、後者の濃尾地震は北西－南東方向に延びる噴砂列の形状をとる（図26）。両者とも、いわゆる液状化跡である。濃尾地震時の須ヶ口村（当時）における全壊率は約76％、日比津村（同）では約70％、清洲町（同）では約70％、枇杷島町（同）では60％、下之一色村（現在の名古屋市中川区下之一色町）では約57％とされている（名古屋市防災会議、1978：

次ページの図27）。

濃尾地震に伴う液状化に関連した記録では、「名古屋市幅下上宿辺（現在の西区幅下町）では、地割より砂水一丈五尺（約2・5ｍ）余りも高く噴出。愛知郡織豊村（現在の中村区稲葉地町）では、噴水、噴砂の個所は、千有余ケ所、枚挙にいとまなし。西春日井郡、噴水、噴砂は猛勢であり西枇杷島町のある井戸は、6〜7尺以上も噴砂し、屋上に砂がたまった」などと記述している（建設省土木研究所、1974）。出典は同じと思われるが、名古屋市防災会議の記録では、以下の記載がある。

「愛知郡デハ、噴水噴砂ノ個所ハ織鮒ノミチ有余ケ所ノ多キニ達シ、某総数ノ如キハ、固ヨリ枚挙ニ遑アラザルナリ。而シテ井水ノ変状ニ至テハ各地一様ナラス」と記し（名古屋市防災会議、1978）、西春日井郡西枇杷町および織豊村にて噴砂が発生した状況を図示している。また、飯田（1979）は、清洲村（清洲町）や須ケ口村（新川町）での液状化についてふれ、次のように書いている。

「清洲村では、田圃及び道路の所々泥砂を噴出し、泥水暫時で止む。亀裂より水及び青白の泥砂を噴出した。須ケ口村では、3度にわたり長さ90ｍ、幅30㎝割裂し、噴水して四辺浸水した」

濃尾地震は、震源に近い丘陵地や山地域では地盤の断裂や移動・山崩れなどの災害となって人々を襲い、根尾谷断層の延長部にあたる濃尾平野においては、深刻な液状化災害を引き起こしていたと考えられるのだ。

図26　愛知県清洲城下町遺跡で観察された濃尾地震の噴砂

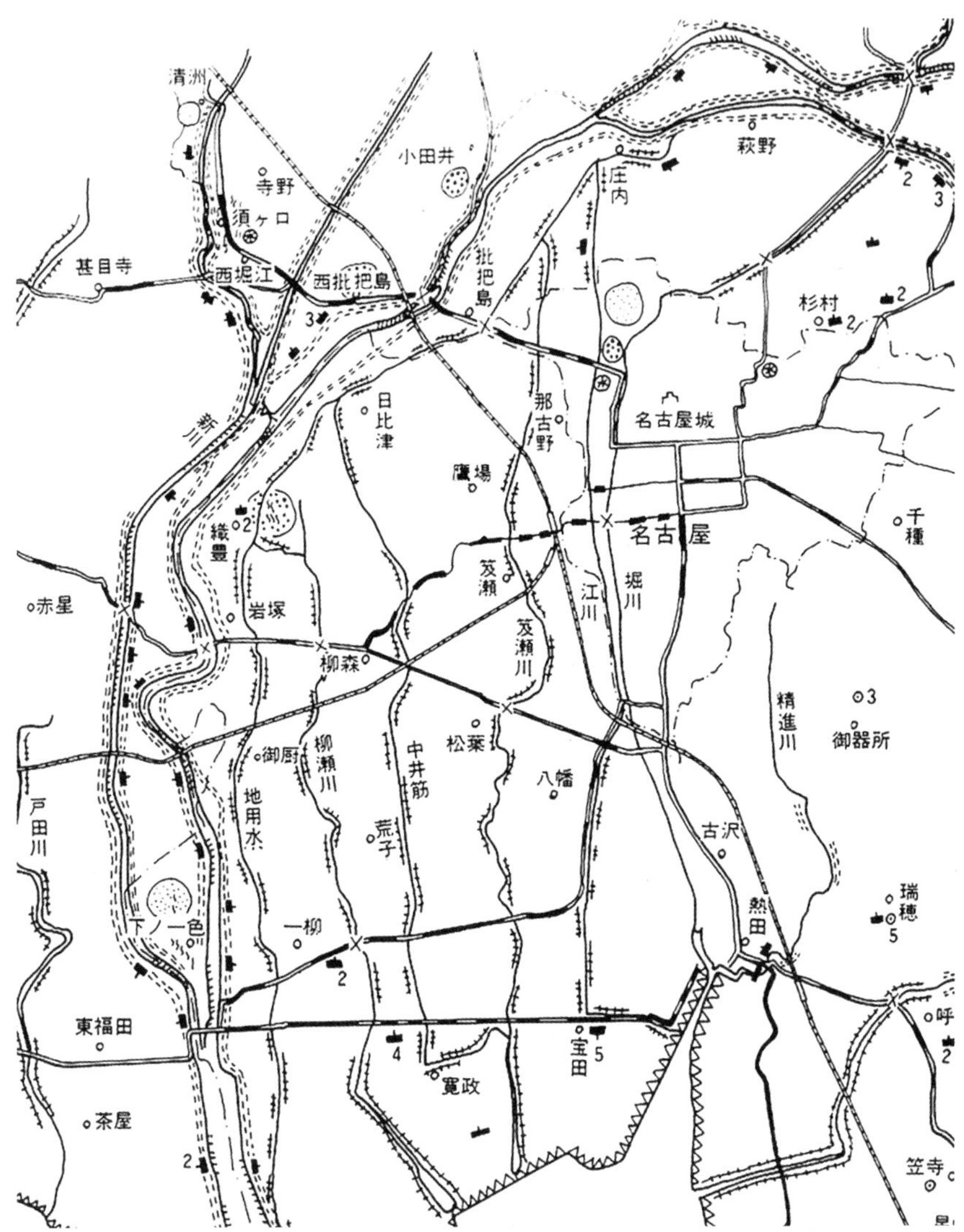

図 27　濃尾地震で液状化した地点を示す絵図（名古屋市防災会議、1978 より）
絵図の中に丸く囲い、点や黒丸を施したところが噴砂を伴い液状化した地点である。このほか、この図には堤防の破損修理個所や樋管工事個所などを示している。図の中央を北から南へ流れる笈瀬川の両岸に記した部分は堤防の修理個所を、図左側を流れる新川や庄内川では堤防のほとんどが破壊し、樋管工事も多くおこなわれたことがわかる。図南端の海岸堤防にあるギザギザは海岸堤防の工事個所である

⑧ 日本の古生物学発祥の地

◉大垣市

国鉄時代の昭和60年代、東京駅を深夜に出発した夜行普通列車の終着駅は、美濃赤坂駅だった。それは、美濃赤坂で石灰岩の出荷が盛んだったころの名残りである。東京赤坂の名の由来はよくわからないが、美濃赤坂の語源は文字通り「赤い坂」に起源がある。

石灰岩の採掘地として名高い岐阜県大垣市の赤坂金生山は、石灰岩のもととなった古生代の各種化石産地として知られるが、同時に鉄の産地としても重要な場所であった。金生山は、一般には「きんしょうざん」と呼ばれるが、「かなぶやま」と読むのが正しいとされ（鹿野、2011）、金属を生む山に由来する。金属とは、すなわち鉄である。

岐阜県出身の考古学者・八賀晋は壬申の乱を語るとき、大友皇子と大海人皇子両軍が美濃不破関西方（現在の関ヶ原町玉周辺か）で激突した際、大海人皇子の軍についた美濃勢の鎧がとても強固でこれを大友軍が打ち破ることができなかったことが大海人皇子（のちの天智天皇）が勝利した理由の一つである、とよく話した。このとき鎧に使用された鉄が赤坂金生山の赤鉄鉱なのである。

１９９３年、金生山を訪れ赤鉄鉱の鉱脈を調べた八賀は、「地表面から30～40㎝掘ると、幅40ｍ、高さ7～8ｍ、長さ１００～２００ｍにも及ぶ赤鉄鉱の大鉱脈があった。分析すると鉄の含有量が非常に高く、60数パーセントという純度の品位の高い鉄だった。壬申の乱のころ、美濃は製鉄で知られ武器製造所のような役割を果たしていた。大海人皇子の美濃への進軍は、勝利に導いてくれる武器を手中におさめるのと同時に、近江方から武器庫に入ってくる人たちを不破道のところで塞いで、入らせないようにする目的があったのではないか」と、『壬申の乱』（森・門脇編、1996）の中で書いている。

今でこそ金生山から鉄を産出す

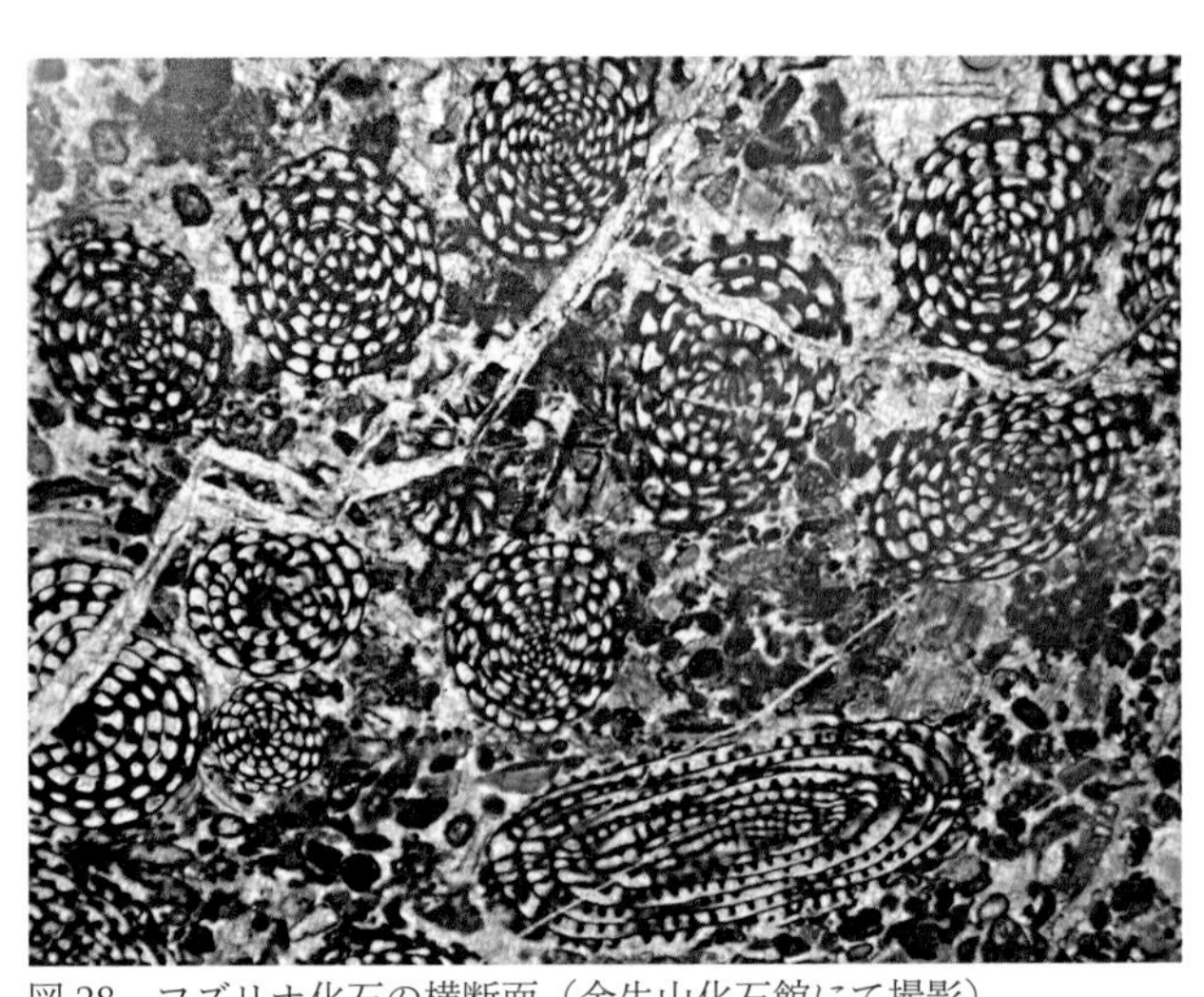

図 28　フズリナ化石の横断面（金生山化石館にて撮影）

ることはなくなったが、第二次大戦中には製鉄原料として盛んに採掘されていた（矢橋、1981）という。この赤鉄鉱は、石灰岩が風化する過程で鉄とアルミニウムの酸化物を主成分としたテラロッサと呼ばれる土壌がつくられ、これが凹地などに大規模にたまり鉄鉱石として採掘可能となったものである。風化・残留鉱床の一種である。鉄の産地だった金生山近くの不破郡垂井町に鉄を祀る南宮大社が鎮座するのもうなづける話である。

一方で、金生山は日本の古生物学発祥の地として知られ、わが国屈指の化石産地でもあった。金生山から掘り出された石灰岩には非常に多くの化石が含まれ、日本を代表する古生物学者が訪れ数多くの研究成果が報告されている。最も普通に見られるのは、フズリナという米粒をスライスしたような化石である。糸を紡ぐ紡錘の形に似ることから、日本名で紡錘虫と呼ばれる。海に生息する原生動物だが、石灰質の多くの小部屋をつくって生活していた（図28）。わずか2㎜の簡単な造りのものから10㎜を超える大型種まで驚くほどの種類があり、進化の極致をきわめ大繁栄した。その後、フズリナは地球上から絶滅し、現在似た姿の生物は生息しない。

ほかにサンゴやウミユリ・三葉虫・二枚貝・巻き貝・魚化石など、金生山からは実に多くの化石が発見されている。いずれも2億5000万年前の古生代ペルム紀のころ、熱帯の浅い海に生活していた生き物である。

その昔、太平洋の彼方にあった海底火山が噴火し火山島がつくられた。島にはサンゴ礁が発達し、それは年約10㎝の速度で移動して大陸の縁辺に貼り付けられた。時を経て、周りの山々とともに伊吹山地や金生山塊が隆起し、現在見るような姿になったのである。

　こうした解釈が行われるには、明治初期に金生山を訪れた外国人研究者はじめ多くの古生物学者や地質学者のたゆまぬ追究が繰り返された結果である。

図29　金生山化石館（入口は地上階で地下もある）

「金生山化石館」は赤坂小学校校長として務め、これをきっかけに金生山の化石を精力的に収集した故熊野敏夫の業績を紹介することを目的に１９６４（昭和39）年にオープンした。１９８５（昭和60）年に現在の建物に建て替えられ、１９９６（平成８）年には大垣市に移管された。ところ狭しと並べられた化石標本は、今は採取することがかなわなくなった金生山産の古生代後期の古生物を知るうえできわめて貴重なものであり、小さいながらすぐれた博物館といえる（図29）。

　なかに、シカマイアという名の不思議な化石が展示されている。シカマイアは、金生山ではごく普通に見つかる化石だが、長い間、どのような生物なのかわかっていなかった。横浜国立大学の尾崎公彦がこの生物に「シカマイア・アカサカエンシス」という学名を与えたが、この段階では化石が動物なのか植物なのかすらわからなかったという。「シカマイア」という名称は、横浜国立大学で尾崎を指導した鹿間時夫（長野県の部、「二人の古生物学者をとりこにした化石産地」参照）にちなんだ化石名である。研究が進展し、今日、シカマイアは不思議な形をした１メートルを超える巨大二枚貝の一種であることが判明している（図30）。金生山化石館には、先に述べた赤鉄鉱についても展示されている。

　金生山化石館から左手に石灰岩の採掘場を見ながら山道を登ると、真言宗の明星輪寺の境内に至る。本堂の北側に石灰岩の岩盤が露出した岩巣公園があり、そこから濃尾平野が一望できる。公園内の遊歩道に沿って進むと、小規模ながら石灰岩がつくるカルスト地形や岩柱状に突出したピナクル（石灰岩柱）を観察できる。ピナクルの表面には溝状に延びる石灰岩特有

図 30　鹿間時夫の名がついたシカマイアの化石（金生山化石館にて撮影）

の溶食構造が観察される。リレンカレンと呼ばれる。濃尾平野を見下ろす景観とともに、岩巣公園イチオシのビューポイントといえる（図31）。

許可をもらえば明星輪寺のご本尊を拝観することができる。石灰岩でつくられた薄暗い岩屋の中にご本尊（虚空蔵菩薩像）が彫り込まれていて一見に値する。虚空蔵にまつわる逸話があり、虚空蔵が大蛇に追われて明星輪寺の本堂に逃げ込んだという。それが理由かわからないが、薄暗い岩屋の中の石灰岩はグルグル巻きのように見える。

図 31　石灰岩の溶食地形リレンカレン（手前）と濃尾平野

【城石垣を見て回る⑤】

城石垣で化石探し――大垣城

●大垣市

図１　南から見た金生山の姿

今から半世紀以上も前、通っていた中学校は日本一のマンモス校。１学級の生徒数は50人ほどで、１学年は30学級あった。マンモス校の意味もプレハブ教室という言葉も、今の中学生にはまるでわからないだろう。ベビーブームと言われた時代、子供たちはこんなに多かったのである。今そのベビーブーマーたちは後期高齢者となって、日本の人口ピラミッドは逆三角形となってしまっている。

その時の思い出だが、中学校から希望する生徒がバスで美濃赤坂の金生山へ化石採集に連れて行ってもらった。高校２年の時には、生物の先生がわざわざ他校の地学の先生に依頼してくれて、その先生の案内で金生山の採石場に入れてもらって化石採集した。名古屋からそれほど遠くない場所で、２億年も前の古生代の紡錘虫（フズリナ）やウミユリの化石を採集することができて本当に嬉しかったことを思い出す。今になって思い返すと、恩師からの真の教育を受けた有難みをつくづく感じる。その当時の金生山の山容を覚えている者にとっては、現在の金生山を見ると、山だったところが大きく抉られ無残な姿に見える（図１）。貴重な化石がたくさん含まれている石灰岩がセメント原料として消えてしまったのかと愕然とする。現在では、採石場に入れないので、もう化石採集することはできない。この金生山は、東西約１km、南北約２kmの南北に細長い四角形の小さい岩体で、全山石灰岩で、「赤坂石灰岩」とよばれている。

　この赤坂石灰岩の研究の歴史は非常に古く、日本の化石研究（古生物学）の始まった場所といってもよい。ドイツの古生物学者ギュンベル（Gümbel）は、明治7（1874）年ウィーンで開催された万国博覧会で日本から出品された工芸品のうち、赤坂石灰岩でつくられた湯のみに見られた化石を研究し、フズリナ・ジャポニカ（*Fusulina japonica*）と命名した。これが日本で最初に命名された化石となった。

　大垣城に行けば、石垣石材に金生山の石灰岩が用いられているので、化石探しができる。当然のことだが、見て回るだけで石垣をハンマーでたたき割ることはご法度である。大垣城天守の受付で、どこにどんな化石が見られるか化石探しの案内冊子（「大垣城　石垣の秘密」）を購入してから、見て回るとよいだろう。

　まず、東門（図2）から石垣石材を調べる。この東門は最初からここにあったものではなく、もとは内柳門として使われていたもので、昭和34（1959）年にここに移築されたものである。この門をつくる石材も同時に移築されたものと思われる。石灰岩が多いが、美濃帯砂岩が隅角部を中心にして多く用いられている。この砂岩のいくつかには刻印が見られる（図3～4）。海津市南濃町の養老山地から名古屋城築城時に石垣用材として石材が採石された。その残石がここに用いられている。隅角石の中ほどには、砂岩ではない岩石がある。花崗斑岩である（図

図2　東門

図3　東門表側に見られる刻印

図4　東門内側に見られる刻印

図5　隅角石に見られる花崗斑岩

図6　ベレロフォン

図7　天守台北面石垣

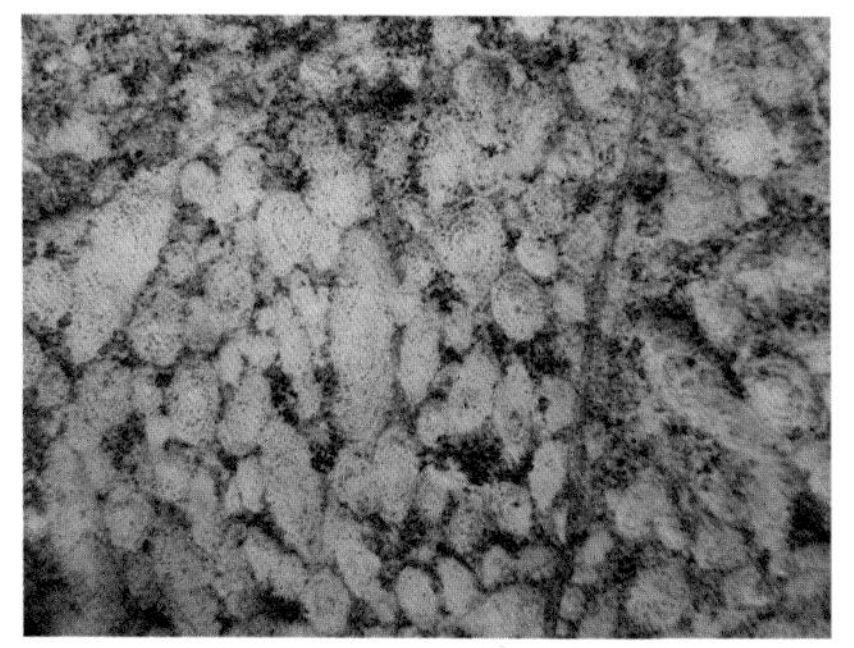
図8　フズリナ（パラフズリナ）石灰岩

5）。これは海津市南濃町津屋から採石されたものと思われる。東門から入ってすぐ左手下の石材には巻貝の化石・ベレロフォンがたくさん入っている（図6）。北に行き、天守台北面石垣を見てみよう。左側と右側では石材の大きさが異なっている（図7）。左側の小さい石材のほうは落し積（谷積）で、明治以降修理されたことがわかる。ここでは、石灰岩だけでなく、チャートも石材として用いられている。石灰岩を丁寧に見ていくと、古生代の標準化石であるフズリナ（紡錘虫）が浮き出た石灰岩（図8）、ウミユリ（図9）、大型二枚貝化石のシカマイア（図10）などを見つけることができる。天守台の南から西門に向かい、西門階段の手前にもシカマイアが入った石材（図11）がある。西門を出て南側の隅

図9　ウミユリ

図10　シカマイア

図11　シカマイア

図12　四射サンゴ

図13　フズリナ（ヤベイナ）石灰岩

角石に使われている石灰岩には四射サンゴ（図12）が入ったフズリナ石灰岩（図13）がある。城壁に沿って南から東に回り、「麋城の滝」がある石垣の東側には君が代の歌詞にある「さざれ石」（図14）がある。本来の大垣城は三重の水堀で囲まれた水の城だったというが、今、その堀は埋め立てられて二ノ丸、三ノ丸、竹曲輪、天神曲

図15　石引神社

図14　さざれ石（石灰質角礫岩）

図16　赤坂湊

図17　戸田氏鉄公騎馬像と大垣城

輪などは市街地となってしまっている。

石垣石材は金生山の南東にある石引神社（図15）付近から採取されたと言われる。運搬路に青竹を敷き詰め、大勢の人夫で赤坂湊（図16）付近の杭瀬（くいぜ）川まで運び、筏にのせ、大垣市切石町辺りで加工したとの伝承がある（鈴木、2018）。関ヶ原の戦いでは西軍の本拠地となった大垣城だが、その後、徳川の城となり、1635（寛永12）年に戸田氏鉄（うじかね）が城主となり、幕末まで戸田氏の城主が続いた。氏鉄は大垣に文教を尊ぶ気風をもたらしたという（図17）。

東濃のマチュピチュ——苗木城

◉中津川市

図1　足軽長屋跡から見た天守台

図2　苗木城復元模型
（中津川市苗木遠山資料館）

図3　道路傍の石垣

　現在は石垣だけしか残っていないのに、苗木城は山城好きの人には人気がある。天守があった標高426mの高森山のすぐ下を木曽川が流れ、その標高差は170mもある。現在展望台となっている場所（図1）は巨大な岩塊に柱穴を開け、懸造りで天守が築かれていた。城内の建物はすべて板張りまたは土壁で屋根は板葺きであったという（図2）。この苗木城は岩村城の支城として、遠山景村が南北朝時代に築いたとされる。遠山氏は室町時代に恵那郡内で勢力を広げ、岩村、明知、苗木の遠山氏を遠山三人衆と呼んでいる。時代劇でお馴染みの「遠山の金さん」こと北町奉行（のちに南町奉行）の遠山金四郎景元は明知遠山氏の分家である。

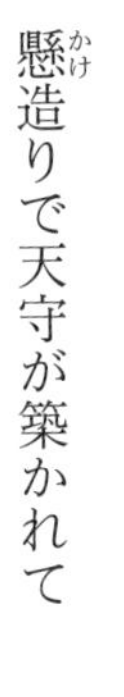

　苗木城の築城時期は諸説あるが、1532（天文元）年に遠山直廉が築いたと言われる。本能寺の変以後、城を森長可に攻め落とされるが、関ヶ原の戦いを前に18年ぶりに奪還し、遠山友政が苗木城主となり、以後明治に至るまで遠山氏の居城となった。現在見る苗木城は三の丸を除いて、

友政によって改修されたものとされている。

　天守に向かう登城道沿いに石垣がある。石材は黒雲母花崗岩で自然石が多く、野面積みである（図3）。自然石ばかりではなく、矢穴を持つ割石も見られる（図4）。風吹門（かぜふきもん）跡を越えると三の丸である。この辺りの石垣は元々あった花崗岩塊を活用して積み上げられている。このように花崗岩塊を石垣に取り込んでいるのが、苗木城石垣の一つの特徴となっている（図5）。この石垣は大矢倉（おおやぐら）跡石垣（図6）に続いている。大矢倉は三階建てで城内では最大の建物だった。三の丸は3代藩主の友貞（ともさだ）によってつくられた。大矢倉跡石垣の積み方は割石を丁寧に積み上げた切込接・布積である（図7）。その右側の石垣は割石を用いて打込接・乱積で築かれており（図8）、少し古い印象をもつ。隅角の石垣は整った割石を用いた算木積となっている（図9）。大門跡を越えると二の丸となる。二の丸は南北に細長く北が藩庁で南が藩主の御殿があった。建物跡に整然と礎石が並んでいる（図10）。礎石に使われている黒雲母花崗岩は苗木花崗岩である。中粒～細粒で優白質の黒雲母花崗岩である。領家帯の花崗岩類の新旧関係や形成年代については、長

図4　矢穴をもつ石材

図5　巨岩を利用した石垣

図6　大矢倉跡石垣

図7　切込接・布積の石垣

年の野外研究の結果、明らかになった。形成年代は約6700万年前の白亜紀後期とされ、領家帯花崗岩類では最も新しい岩体とされている。ウランやトリウムなどの放射性元素を多く含み、ペグマタイト（晶洞）内で結晶した水晶は黒～暗灰色の黒水晶や煙水晶になっていることが多い。また、瑞浪市や恵那市、中津川市などの苗木花崗岩の分布域にはラジウム鉱泉などがある。

二の丸から本丸にかけての山頂部には花崗岩の露岩が多く見られ（図11、12）、「馬洗岩」など名前の付けられた岩塊もある。二の丸の石垣にはいろいろな積み方を見ることができる。図13は左側が打込接・布積でできており、そこに接する右側は落し積（谷積）となっている。積み方で落し積のほうが新しい積み方である。また、打込

図8　打込接・乱積の石垣

図9　算木積

図10　二の丸建物礎石

図12　山頂部の花崗岩露岩

図11　苗木花崗岩の岩相

接・布積石垣の中には長方形ではなく、六角形をした石材を用いた「亀甲積」が見られるところもある（図14）。丁寧に石垣を見ていくと、石垣の積み方に様々な手法が用いられていることがわかって、楽しい。玄関口門付近の坂道から二の丸の大矢倉跡石垣が見える（図15）。有名なペルーのマチュピチュ遺跡のようにも見え、ここは東濃のマチュピチュだと思った。

山頂部の天守跡は懸造りになっていて、花崗岩塊には柱を建てるための穴や雨水が流れるように溝が掘り込まれている（図16）。三階建ての天守跡は展望台となっていて、木曽川の流れを眼下にして、西には笠置山、正面には恵那山と中山道が通る中津川市街を一望できる（図17）。この絶景が山城好きにはたまらないのだろう。

図13　布積（左）と落し積（右）

図14　亀甲積の石垣

図15　玄関口門付近から見た大矢倉跡

図17　展望台からの眺望

図16　懸造りの天守跡

【コラム】しま模様発達した笠ヶ岳の断崖壁（岐阜県）

新穂高ロープウェイを利用すれば、今や簡単に標高２１５０ｍの西穂高口駅に行くことができる。屋上展望台に立つと、正面に大きな山塊が飛び込んでくる。標高２８９８ｍの笠ヶ岳である。山腹にしま模様がみられることが特徴である（図１）。

図１　笠ヶ岳とその南壁にみえるしま模様

しま模様が発達するのには、この山が地層のように下から順に積み重なってできたことを示している。

しま模様の正体は、火山から噴き出した溶岩や溶結凝灰岩が交互に１０００ｍを超える厚さに重なることで形成されたものである。笠ヶ岳流紋岩と呼ばれる。笠ヶ岳流紋岩は大変硬く風化されにくいため、断崖絶壁がその姿のまま私たちの前に見えているのである。

笠ヶ岳流紋岩の活動は、今から約６５００万年前の中生代白亜紀のこととされている（岩田 2011；原山、1988）。笠ヶ岳流紋岩を噴出させた火山は、大規模なカルデラ火山だったと考えられ、マグマの大量噴出とそれに伴う火口の陥没が何度も繰り返された結果、膨大な火山噴出物が火口周辺にうず高く積み上げられたのである。このような火山性の陥没構造は、火山学者の間で「コールドロン」と呼ばれている。

いま、私たちが望む笠ヶ岳は、火口を取り囲む楕円形の南東側半分が断ち切られた状態の火山地形を見せている。笠ヶ岳の南方には錫杖岳（標高２１６８ｍ）と呼ばれるやや低いピークがあるが、笠ヶ岳カルデラの活動はこの溶岩ドームの溶岩の噴出と陥没により開始され、計3～4回もの大規模噴火を繰り返し、今日見る山々が形づくられた。

長野・富山・石川・福井県

❶

誰かに話したくなる博物館

◉長野県長野市

愛知県立津島高等学校に地学の教師として勤務し、地学部顧問として地学部を率いたころ、私はまだ20代だった。地学部の日々の活動を、濃尾平野を中心とした「研究するクラブ」へと梶を切ったのは勤めて3年後のことで、それまでは部員40名の大所帯となった地学部をどのように導くか試行錯誤だった。多くの地学部員の希望は化石採集だったこともあり、化石採集できる場所が夏休みの合宿地となった。

夏休みに入って間もない1972年7月27日、津島高校を出発した大型バスは一路長野県上水内郡鬼無里(きなさ)村（現在長野市鬼無里地区）の奥裾花(おくすそばな)キャンプ場に向かった。2泊3日の予定だから、結局、現地で活動できる日程は一日しかなかった。高校生40名と地学部OB、引率教師2名を含め53人が参加した。当時は、鬼無里は大変な秘境で裾花川横の細い林道を、バスはあえぎながら登った。みんなで三度の食事を作るのも合宿の重要なテーマだったのでそれぞれ役割をもたせ、40名の地学部員を5〜6名ずつの班にわけ分担させた。教室ではさえない生徒が、ご飯炊きや食事会場作りの場面で驚くほど手際よく仕事をこなすのを見て、感心したものだ。

2日目は、形ばかりの研究活動を実施した。班ごとにルートを決め、奥裾花渓谷の巡検に向かわせた。一応、地図の見方は学校で勉強したが、谷を下りたり崖をよじ登る訓練などはおこなっていない。一年部員の多くは、巡検というものに参加するのも初めてだった。巡検リーダーは2年部員が務め、一部の班にはOBや教師が同行した。いま思えば、とんでもなく無謀な旅行を計画したものだ。何も起こらなかったことが不思議なくらい危険な巡検だったと思う。

そんな心配とは裏腹に、一日巡検リーダーを務めた2年部員の活動報告を語る姿に感動したものだ。どこにどんな滝があり、滝壺に白

図１　柵層から産出したホタテガイの化石（戸隠地質化石博物館写真提供）

い貝化石が見えたが採集できず悔しかったこと。崖に素晴らしい露頭があって、地層が著しく傾斜していたこと。砂岩と泥岩の互層が重なっていて、中に断層らしい線構造が認められたこと。一つの班は、採りきれないほどの貝化石（アカガイの仲間）が見つかり、思わずバケツに入れて持ち帰ったこと。秘境鬼無里に来たという喜びも手伝って、みんな生き生きと躍動していた。いい思い出になったと思う。

　地学部が訪れた鬼無里には、柵（しがらみ）層が分布している。下部は中新世に及ぶようだが、中部と上部は鮮新世に属する。ほとんどが海成層である。柵層の上部、萩久保砂岩泥岩層は多くの貝化石を含むのを特徴としている。アカガイの仲間や、ホタテガイの仲間など多産する（図１）（矢野ほか、1988）。柵層は、下部から上部まで安山岩質の凝灰岩を挟み、あわせて数千メートルの海成層で構成されている。鬼無里で地学部員が見た化石を含む堆積物は、最大１４００ｍにも達するという。なぜ、こんなに膨大な海の堆積物が、長野県の山奥に堆積しているのだろうか。

　その答えをていねいに教えてくれる施設が、鬼無里へ向かう途中の長野市戸隠栃原にある。長野市立戸隠地質化石博物館である。戸隠地質化石博物館は、この地にあった旧柵中学校の木造2階建て校舎を利用して１９８１年に戸隠村郷土資料館としてオープンした。手狭になったのと耐震基準を満たさなかったため、２００８年今度は鉄筋コンクリート3階建ての旧柵小学校校舎を再利用して開館した。正真正銘廃校を活用した博物館といえる（図２）。

　コンセプトは「建物全部が博物館」。入館すると、まず3階を見ることになる。3階の各教室をまわればすぐ、長野県が長い間、沈

降を続ける海の底だった理由がわかる。そう、この地は、フォッサマグナの西翼に位置していて、とんでもなく沈降を続ける怪物がいた場所なのである。フォッサマグナを怪物と呼んだのは、講談社のブルーバックスに『フォッサマグナ―日本列島を分断する巨大地溝の正体』を書いた藤岡換太郎である（藤岡、2018）。

図2　旧柵小学校校舎を利用した戸隠地質化石博物館

博物館では、フォッサマグナに沈んだ海に生息した、ありとあらゆる化石を見学することができる。2階はミドルヤード、1階は人が集う場所として利用されている。くまなく見たらとても見きれない。そのため、博物館では次の4つのコースを設定して案内にあたっている。ウサギコース（30〜45分）、イノシシコース（1時間ほど）、カメコース（2時間ほど）、カタツムリコース（8時間）。私は、どのコースにも属さなかったが、地質担当学芸員である田辺智隆氏の説明を聞きつつ、カタツムリコースに近い時間、館に滞在してしまった。戸隠地質化石博物館は、きっと誰かに話したくなる博物館であることは間違いない。

博物館近傍に柵層の地層が見られる露頭があり、中にカキの化石が入っている。田辺氏によれば、地元ではニワトリのエサにするため、ここで長い間カキの化石を掘っていたという。それぐらい貝化石を多産する露頭が博物館のすぐ近くにあることもスゴイことだと思う（図3）。

図3　博物館近傍のカキの化石を多産する露頭

②

白馬岳ジオトレッキング

◉長野県北安曇郡白馬村

初心者でも登ることができて、山上パノラマや雪渓歩きを楽しむことができる人気の山の代表格は白馬岳であろう。行きに栂池コースを選択すれば、標高839mの栂池高原駅からゴンドラリフトとロープウェイを乗り継いで一気におよそ1900mの高さに到着する。そこから、白馬大池山荘に一泊し、稜線を歩いたのち白馬山荘にもう一泊して白馬岳大雪渓を下れば猿倉に着く。登山ではあるが、もう一つの楽しみ、山の地質や山の自然を味わいながらのトレッキングにもぴったりのルートだと思う。

ロープウェイを下りると栂池自然園を通る。そこは高山植物のメッカだが、実は高山植物の素晴らしさは、これより高い登山道にある。筆者は、白馬大池山荘に泊まった。この裏手にある白馬大池が気になって、ついついのぞき込んだ。最初に思ったこと。この池がどのようにしてできたのか。火口湖でもなさそうだが、説明パンフには納得のいく答えは書かれていない。地質図を見ると池の周囲は大変複雑で、池の西側に第四紀の玄武岩、池の東側は古生代ペルム紀の海成泥岩が分布していて、これに割り込むように新しい花崗閃緑岩が貫いている。南に延びる断層も存在するようで一筋縄ではいかない地質になっている。のぞきこんで、次にわかったこと。この池にはゲンゴロウが泳いでいた。そもそも採集用具を持っていないし、そもそもこんな場所で昆虫採集はご法度だろうから、目視だけで判別した。マメゲンゴロウである。標高2500mの山稜の池に、いったいどんな種類のマメゲンゴロウがいるのだろうか。どのようにして、この高さまでたどり着いたのだろうか。興味はつきなかったが、明日からの登山に備えるため、早めに寝た。

白馬大池からは稜線を歩くことになる（図4）。稜線を構成する山の地質は、大半は若い花崗閃緑岩のようであったが、後ろから来る登山者が続いていて、立ち止まって石を見る余裕はほぼなかった。地質図で確認すると、小蓮華山（標高２７６６ｍ）の頂上付近は花崗閃緑岩、小蓮華山から三国境（標高２７５１ｍ）までは新第三紀の火山岩地帯である。火山岩は、デイサイト（石英安山岩）ないし流紋岩と考えられる。この地質の部分は大変崩れやすく細片化し、かつ冬季、強い西風が卓越する風衝砂礫地を形成している（図５）。風衝砂礫地とは、山頂や尾根など絶えず強風にさらされるため土が吹き飛ばされてほとんどなく、礫や岩塊のみで構成された場所をいう。そこは土壌層の発達が悪いためコマクサやウルップソウのような特異な高山植物のみが生育し、国の特別天然記念物「白馬連山高山植物帯」に指定されている。

白馬岳山頂（標高２９３２ｍ）は、古生代ペルム紀の海成泥岩であった。筆者に、この場所の堆積岩をペルム紀と断定できる根拠はないが、長谷川・小松（1988）の以下の一文にもとづいている。「白馬岳の山頂付近にある赤紫色のチャートには、新潟県青梅西部の橋立付近のものとよく似た放散虫化石（古生代石炭紀〜ペ

図４　稜線づたいに白馬岳（標高 2932m）をめざす

図５　強い西風にさらされる白馬山系の風衝砂礫地

ルム紀）が含まれている」。

　白馬山荘に宿泊したのちは、いよいよ雪渓下りである。人生初めてのアイゼンを装着し、雪混じりの厳しい天候の中をただひたすら大雪渓を下った。大雪渓を下る途中で見た白馬尻小屋周辺の岩石は、付加体の玄武岩（緑色岩）とチャートであった（図6）。

図6　白馬大雪渓付近に分布する付加体のチャートや石灰岩・玄武岩

　休憩を兼ねて、登山道周辺の岩石を見るが、なかなか蛇紋岩に出会うことはできなかった。「蛇紋岩地帯として知られる白馬の大雪渓」は相当下った猿倉周辺のことを言ったもの、ということも実際に歩いてみてわかったことである。猿倉からはバスに乗ったが、猿倉付近に落ちている岩石は、ほとんどが蛇紋岩の岩屑からなるモレーン（清水編、2002）であった。蛇紋岩は地球内部のマントルを作るカンラン岩と同じ超塩基性岩の一種。また、モレーンは氷堆石とも呼ばれ、氷河により削りとられた砕屑物の総称である。水流に運ばれた堆積物にくらべて淘汰が悪い。

　ここに、なぜ蛇紋岩が存在するかは、この場所の地質だけでなくさらに大きなスケールで考えないといけない。白馬岳はじめ北アルプスの山々をのせているのはユーラシアプレート。一方、その東方の山々を支えているのは北米プレート。ここでは両プレートが激しくぶつかり合っている。そのため、新潟県糸魚川市から長野県の小谷村、長野県諏訪湖に至る間は、日本列島を横断する亀裂が入っている。大断層・糸魚川－静岡構造線だ。ここでの亀裂は、おそらくマントルに達しているだろうから、圧縮力が加わるたびに山々がせり上がり、深い亀裂を生じているところからマントル物質が白馬岳大雪渓付近に運びこまれたのだ。白馬岳大雪渓を下りつつ、地球の営みは偉大である、と感じたものである。

③ 眼前の山なみは世界一若い花崗岩

◉長野県安曇野市

上高地は、年間１２０万人もの観光客が訪れる山岳景勝地。アルプス山脈の本場スイスのグリンデルワルトといったイメージだ。上高地から登る槍・穂高は敷居が高いが、蝶ヶ岳（標高２６７７ｍ）なら大丈夫。徳沢からゆっくり一日かかって登り、蝶ヶ岳ヒュッテに泊まれば無理のない日程だ。山頂から望む穂高連峰の眺めは最高である。そのうえ蝶ヶ岳ヒュッテには、夏シーズンの間、名古屋市立大学医学部の医療班がボランティアとして常駐し、長年、医療活動をおこなっていて心強い。

西側に聳える焼岳や、西穂高岳、奥穂高岳、北穂高岳などはすべて火成岩起源の山々だが、蝶ヶ岳を含む山体は付加体の地質で構成されている。付加体の山・養老山地のふもとに生活する私には、多度山に登るような感覚だった。登りは徳沢から、下り道は横尾ルートを選択した。ただし、上高地から蝶ヶ岳山頂までの行程は、多度山の所要時間のおよそ5倍から6倍も必要で、そう簡単なものではない。おまけに、この山の登山道は、上り下りとも暗く長い針葉樹林帯を通過しなくてはならない。ムシと地質を愛する者にとっては、これは相当つらいことだ。自然についての私の興味は、第一にその地域に生息する生き物、とくに昆虫に出会うこと、そして第二は自然景観を作り上げている地質、そこにどんな石が存在するか自分の目で確かめることだ。

樹林帯を通り抜ける間、そこは亜高山帯に属し生えている植物はシラビソやトウヒ、コメツガ、それにカラマツのみであった。こういう針葉樹にはムシはいない。地質については、針葉樹が生える場所で石を見ることはほとんどなく、ぬかるんだ黒い土の道が延々続くのだった。

長壁尾根（標高２５６５ｍ）に至る登山道に出ると急に開け、針葉樹にかわって背の低い灌木と高山植物が生えるエリアになった。ここからは忙しくなった。見るムシ、飛ぶチョウ、すべて平地で見る昆虫ではない。採集はできないから、せめて写真撮影だけでもしたい。長壁尾根周辺では、カミキリムシの仲間に大変珍しいものが多かった（図7）。長壁尾根から蝶ヶ岳までの道では、真夏とはいえ残雪があり、ライチョウがすぐ近くまで来て目を楽しませてくれた。

図7　蝶ヶ岳登山道で見たシナノキンバイとトホシカミキリ。トホシカミキリは北海道やサハリンなどに分布する超レアなムシ

圧巻はやはり、穂高連峰の眺望である（図8）。見事なU字形のカール（圏谷）が刻まれた山々は、自分が登った経験がないだけに、よけいに憧れる。ちょこんと尖って聳える槍ヶ岳（3180m）も印象に残る山の形だ。谷氷河によって削られ残った槍先が山頂になったものである。

眼前に展開する槍ヶ岳や穂高連峰を作る火成岩類の成因やその年代などについて、信州大学名誉教授の原山智さんが、ヤマケイ（山と渓谷社）から面白い本を出している（原山・山本、2014）。『槍・穂高名峰誕生のミステリー』という名の本だ。長野県諏訪市出身のルポライター山本明は子どものころから穂高を仰いで育ち、高校時代に穂高に何度も登ったという。

以下は山本の弁。高校時代の友人・原山が地質学の道に進み、信州大学教授になり槍ヶ岳や穂高岳について新しい論文を次々に出し、世の中を仰天させるようなことを言い出している。しかし、難解で一般にはあまり伝わっていない。それなら、俺が「ボケとツッコミ」のタッチで一般向けの本にしてやろうじゃないか。地質探偵ハラヤマが語り、書いたのは山本という設定で文章は展開する。

日本を代表する名峰の槍・穂高は、深さ3000mの巨大陥没カルデラだった、と原山に語らせ、穂高連峰の北穂・南岳・中岳などを作る火山岩をカルデラ噴火に伴う火砕流堆積物である、と主張する。穂高連峰の西斜面から西穂高岳の稜線および東斜面に貫入した花崗閃緑岩の年代を140~100万年前と求め、これを世界一若い花崗岩である滝谷花崗岩と呼んだ。つまりは、上高地の河童橋から望む穂高連峰は生まれて間もない花崗岩が今、顔を出しているというのだ。この話は、世界の花崗岩は今からおよそ1億年前、地下深所で作られた深成岩で、それが長い地球の営みを経て地表付近で見られるようになった、という常識をくつがえすものである。ほぼ同じ内容の本は、『槍・穂高・上高地地学ノート』(竹下・原山、2023)という書名でも刊行されていて、これは写真が多く読みやすい。

図8　穂高連峰の山なみ。左の山なみの間の湾入部はカール、右後方に槍ヶ岳が見える

図9　蝶ヶ岳頂上に分布する付加体の泥岩

蝶ヶ岳の山頂で見た暗灰色のささくれだった泥岩は、まさしく付加体の岩石そのものであった(図9)。2677mの蝶ヶ岳の頂きに、海底にたまったおよそ1億年前の堆積岩が存在することに感激し、100万年前という世界一若い花崗岩でできた穂高連峰の山々が眼前にあることに感動した。地質学は、やはり心揺さぶられる学問なのだ。

④

日本最古の人類遺跡・野尻湖

◉長野県上水内郡信濃町

野尻湖は、長野県北部の上水内郡信濃町にある山間の湖である。ここでは、1948年に湖畔から「湯たんぽ」が発見されたことをきっかけに、延べ2万人、50年にわたって大衆発掘がおこなわれてきた。

1975年3月、筆者は津島高校生計55人を連れて、第6次野尻湖湖底発掘に参加した。全体を2班に分けての参加だったが、スコップやツルハシ・ヘルメットなどを持ってJR名古屋駅に集まった高校生たちの姿は、実にものものしいものだった。生徒諸君は3泊4日、私自身は7泊8日の日程だった。3年ごとに実施される湖底発掘に、生徒諸君は入れ替わるものの、そのつど呼びかけ、第9次発掘まで計4回参加した。野尻湖発掘を経験した津島高校生は、およそ250名にもなる数である（次ページ図10）。生徒を連れて私が出かけたのは、1987年までである。

湯たんぽに似た石のかたまりは、実はナウマンゾウの臼歯の化石だった。ナウマンゾウの化石は国内約230カ所で発見されているが、野尻湖からはこれまでに30頭以上の化石が見つかっている。この遺跡（野尻湖湖底遺跡という）の最大の特徴は、5・4〜3・8万年前の地層から旧石器時代の石器や骨器が発見され、人類とナウマンゾウとの関係が確実にとらえられた遺跡であることだろう。野尻湖の一角には、当時の人々がナウマンゾウやヤベオオツノシカを狩猟・解体して生活していたことを示すキルサイトも見つかっている。

野尻湖発掘で、発掘に参加した人々に最も心に残った発見は、1973年のこと。ひときわ大きなナウマンゾウの牙とヤベオオツノシカの掌状角とが寄り添うように並んで見つかったことだった。ヒトがナウマンゾウの牙を三日月に、ヤベオオツノシカの掌状角を星に見立てて、置いたのではないかと考えられ、その姿は「月と星」

図10　野尻湖第6次発掘風景（1975年3月28日撮影）

図11 「月と星」のレプリカ写真（野尻湖ナウマンゾウ博物館写真提供）。ナウマンゾウの牙とオオツノジカの掌状角が寄りそうように並べられた状態で発見された

（図11）と呼ばれ、見る者の想像力をかき立てた（野尻湖発掘調査団・新堀編、1986）。

いわゆる石器捏造事件以来、前期旧石器時代や中期旧石器時代の遺跡がことごとく消え去った今日、野尻湖湖底遺跡の4・6万年前の地層から出た骨製スクレーパーの重要性はがぜん輝きを増している（森、2012）。野尻湖は、今や日本で最も古い遺物を伴う遺跡の一つなのである。

にも関わらず、野尻湖での大衆発掘が急速にしぼみ、参加者が激減してしまったのはなぜだろう？野尻湖発掘には、研究者とともに、大学生・小中高生・一般社会人などがいっしょに発掘に参加し、みんなで掘ることに何とも言えない充実感や達成感があり、研究成果をともに味わえる一体感のようなものがあった。

マスコミも盛んに取り上げ、野尻湖発掘調査団の出版活動も盛んだった。政治情勢や社会の雰囲気も同調していた。国鉄やＮＴＴも、まだ民営化していなかった時代である。

もう一つ重要なできごとは、先に書いた考古学における新発見の連続の問題であろう。野尻湖発掘にやや陰りが見えかけた１９８０年代のころ、旧石器考古学は飛ぶ鳥を落とす勢いがあり、１９８０年の宮城県座散乱木（ざざらぎ）遺跡では5万年前とも10万年前ともいわれる中期旧石器が見つかっていた。座散乱木遺跡の旧石器の発見で、すでに野尻湖の4・6万年前を越えている。その後、13万年前とされる宮城県馬場壇遺跡や、ついには60万年前といわれた宮城県上高森遺跡まで旧石器フィーバーは連続した。この状況では、野尻湖の発掘成果は珍しくも古くもなく、次第に注目されなくなってしまった。旧石器フィーバーの方は、２０００年10月の石器捏造の発覚で、突然終焉を迎えるわけだが、野尻湖発掘もまた違った理由でふるわなくなってしまっている。残念なことである。

なぜ、野尻湖発掘は魅力を失い、参加者を減らしてしまったのか、その一つの理由に、１９９０年以降の個人主義の台頭と、ボランティアの考え方に対する変化があげられる。大学の先生方の思考回路の根底には、組織に縛られたくたい、みんなのための研究より自分の成果を出したいという雰囲気があり、その状況は今も加速している。大学生や高校生に野尻湖

のことを話してみると、泥臭いことやりたくない、発掘に参加してお金出るの？といった返答をする

図12　展示公開中のナウマンゾウの臼歯（野尻湖ナウマンゾウ博物館にて撮影）

スマホ世代の感覚と、野尻湖大衆発掘の考え方は合わなくなっているのではないだろうか。そして今、全国の高校に地学の授業がなく、野尻湖のことを熱く語る教師がいなくなってしまっている。

そんななか、地元信濃町には発掘で得られた成果を展示・解説する野尻湖ナウマンゾウ博物館がオープンし、ナウマンゾウの臼歯やオオツノジカの骨格標本を身近で見られるようになった（図12）。野尻湖は、日本で最も古い遺物を伴う遺跡であることは確かなのだ。野尻湖人の骨は見つからなくても、野尻湖周辺でナウマンゾウを狩猟していた人類が残した文化層（野尻湖文化）を探求することは夢のあることだと思う。

＊＊＊

信州大学の地質学科卒業で学生時代野尻湖発掘を支え、東京へ就職してからは東京の野尻湖友の会でがんばってきた小林雅弘さんが現役を退いたのち、愛知県に転居した。２０２３年秋、その小林さんが中心になって開店休業中だった野尻湖愛知友の会を復活させた。私も協力することにしたが、設立総会には懐かしい顔が20人以上集まった。

⑤ 二人の古生物学者をとりこにした化石産地

◉長野県下伊那郡阿南町

古生物学を学んだ者で、鹿間時夫を知らない者はいない（図13）。それほど、わが国の古生物学の歴史に数々の足跡を残した研究者の一人である。鹿間時夫は永く横浜国立大学で脊椎動物化石を研究し、多くの古生物学者を育てた。国立科学博物館や母校横浜国立大学教授として活躍した長谷川義和もその一人である。

図13　阿南町化石館に掲げられている鹿間時夫の写真

東北帝国大学で古生物学を修めた鹿間は、第二次大戦中満州国立新京大学教授として大陸の古生物を調査し、帰国後は下伊那郡阿南町に住んで飯田高松高校（現在の長野県立飯田高等学校）で教鞭をとるかたわら、阿南町の富草層群の研究をおこなった。鹿間は、富草層群から二枚貝61、巻貝32、甲殻類3、棘皮動物10、魚類9、哺乳類2、植物30ほか、多くの化石種を識別し報告している。そして、富草層群を愛知県の設楽層群と対比し、新生代新第三紀中新世（今から約１７００万年前）の堆積物であると書いている。

長谷川義和は長野県飯田市出身で飯田高校で鹿間の授業を受け、富草の地で化石の面白さに開眼した。そののち、横浜国立大学に移った鹿間の大学に進学し、師のもとで古生物学を専攻して脊椎動物化石の研究をいっそう深めた。

富草層群は、日本を代表する二人の古生物学者をとりこにした魅惑の化石産地だったのである。飯田高校時代の教え子で、鹿間の影響を受けた研究者は、長谷川以外に鎮西清高（京都大学教授：古生物学者）、加賀美英雄（海洋地質学者）、山田哲雄（岩石学者）、松島信幸（小学校教師で博士）、本多勝一

（ジャーナリスト）などがいる。鹿間が飯田高校に在職したのは、１９４６（昭和21）年から１９５０（昭和25）年までのわずか5年間である。伸びしろのある高校生に与えた地学教師・鹿間の影響力の大きさには驚嘆すべきものがある。

　では、阿南町はどこにあって、富草層群はどんな化石産地だったのだろうか。阿南町は長野県の最南端、西側を下條村・平谷村・売木村、東側を泰阜（やすおか）村・天龍村に囲まれた山あいの町である。地形の上では、町の東側に天竜川が南北に流れ、天竜川に向かって傾斜する山地や丘陵地の上に成立した町といえる。集落があるところからJR飯田線の門島駅や温田駅まで出るには、かなり長い山越えの道を下る必要がある。遠望すれば、東に南アルプス、西に中央アルプスに連なる山並みに抱かれた標高３２０～９６０ｍの起伏の大きい町である。

　富草層群の地層や化石についての研究は、鹿間（1954）を皮切りに多くの研究者がこの地を訪れ種々おこなわれている。富草層群は層厚およそ５００ｍ、最大層厚を８００ｍとする研究者もいる（田中、1977）。鹿間は、下位より和知野層、温田（ぬくた）層、大下条（おおしもじょう）層、新木田（あらきだ）層、栗野層に分けたが、宇井（1970）は最上部に早稲田層を設定している。化石を主に産するのは、温田層と大下条層・新木田層である。化石産地は、計60カ所にも及んだとされる（田中、1977）が、今日、化石採集できる場所はごくわずかしかない（図14）。

　富草層群の化石群集は、愛知県新城市周辺に分布する設楽層群、岐阜県岩村盆地に認められる岩村層群に対比され、貝化石や甲殻類、魚類化石などは三者間でよく一致している。また、海辺に生活したとされるデスモスチルスやパレオパラドキシアなど哺乳類化石を含有することからは、岐阜県の瑞浪層群や三重県の一志層群とも共通している。富草層群は、新第三紀中新世のころ、当時の西南日本の太平洋側に存在した帯状の海域の東端に位置していた。最大海進時には水深２００ｍ近い海が広がっていたとされ（糸魚川、1981）、それは水深２００ｍ以深の中深海に生息するリュウグウハゴロモガイ（図15）が見つかっていることによっても示される。日本列島がユーラシア大陸から分離し日本海が形成される時期の太平洋側の海の様子を物語る重要な古生物情報

図14　富草層群の化石を含む砂岩・泥岩互層（阿南町富草にて）

である。また富草層群が堆積した時代が、マングローブが繁茂するような熱帯的な環境であったことは、富草層群に含有されるビカリアやゲロイナ（マングローブシジミ）・ツリテラなどの貝化石の産出から推定される。

鹿間や長谷川両研究者ののち、1960年代から1970年代にかけ信州大学の田中邦雄らの指導を受けた富草中学校の生徒諸君が郷土の化石の発掘に取り組み、多くの化石を採集した。富草中学校には化石クラブが結成され、1964（昭和39）年この活動を支援

図15　富草層群から産出するリュウグウハゴロモガイの化石

するため富草中学校では地域に密着した富草層群の化石と地質を研究することを職員研修の最重点目標に定めている（阿南町町誌編纂委員会、1987）。中学生や先生たちが収集した化石標本は最初富草中学校の一室に陳列してあったが、その後中学校の統合や富草小学校の改築などで転々とし、最後は物置同様の旧富草村役場の一隅に埃だらけの状態で並べられていた（田中ほか、1977）。『阿南町の化石』の初版ができてから10年、町営の阿南町化石館が建設され、晴れてその中に中学生が採集した化石標本が陳列されることとなった。その化石館も今は手狭になり展示の内容も古くなったが、狭いながらも「ザ・昭和」の雰囲気のスゴイ博物館であることは違いない（図16）。

図16　阿南町化石館の外観（入館には予約がいる）

並べられた化石標本の数々は、一地域から産出した化石とは思えないほど多様で充実しており、さすがわが国をリードした古生物学者をとりこにした化石産地であると実感できる内容になっている。２０２４年4月20日、阿南町化石館の一部はより南に位置する「かじかの湯」に隣接する施設に移転し、リニューアルののち「阿南町化石展示館」としてオープンした。

富草で生まれ、『阿南町の化石』をバイブルのごとく育った富草中学から、古生物学の道に進んだ研究者に上松佐知子がいる。筑波大学でコノドントを中心に地球史の謎解きに挑戦する新進気鋭の研究者だ。鹿間時夫の遺伝子は確実に受け継がれている。

阿南町化石館を見学したら、次に飯田市立美術博物館をたずねてほしい。この館は、飯田市出身の日本画家菱田春草を記念して建てられたものだが、美術のみならず自然系の動植物標本や地学の標本も充実しており、南信地方を代表する立派な博物館といえる。

6

信玄の軍用道路だった中央構造線

◉長野県下伊那郡大鹿村

図17　武田信玄の軍用道路として利用された秋葉街道（伊那市長谷付近）。中央の山が切れ込んだ部分を中央構造線が通る

長野県下伊那郡大鹿村。この村は、秋葉街道のド真ん中にある。秋葉街道は長野県諏訪市より大鹿村を経て、静岡県浜松市天竜区に至る。現在の国道152号線にあたる。かつて遠信古道と呼ばれ、塩がとれなかった信州に太平洋側から塩や海産物を運搬する道として長く用いられた。塩を運ぶルートだったため、秋葉街道は別名「塩の道」とも呼ばれた。

秋葉街道の由来となった秋葉神社の本宮は、浜松市天竜区春野町領家にある。領家は広域変成岩の一種片麻岩で構成される領家変成帯の語源になった地名である。秋葉神社本宮は領家変成帯の上に建っていて、秋葉神社は古来火除けの神様としてまつられてきた。

戦国のころ、甲斐の武田信玄は諏訪より秋葉街道を南下して、徳川家康が守る浜松に侵入した。家康が武田軍に対して屈辱的な敗北を喫した1572（元亀3）年の三方ヶ原の戦いは、秋葉街道を軍用道路として利用した武田軍に圧倒的勝利をもたらした（図17）。武田軍が勝てた理由に、一直線に延びる秋葉街道を軍馬が効率よく進軍できたため兵たちの疲労が少なく、また信玄は秋葉神社直近の要衝・犬居城を調略して城主天野氏に武田軍の先陣を務めさせるなど、地元の地理を知り尽くした戦いを進めることができたことがある。

大鹿村に行ってみると、その地形の迫力に圧倒される。両側の山が斜めにまっすぐに切れ落ち、谷の深みにいるような感覚を覚える。谷は南北に直線的に延び、その中央を天竜川水系・鹿塩川が勢いよく流れ下っている。断層線谷であることが一目でわかる。秋葉街道は、断層道路だったのである。

中央構造線は、長野県茅野市より大鹿村を通って直線的に南北に延びる。浜松市天竜区水窪より次第に西へ向きを変え、愛知県新城市では豊川に沿って三河湾に至り、伊勢湾口を通過したのち三重県鳥羽市に延びている。向きを西に変えるところより秋葉街道は中央構造線からそれ、秋葉神社本宮の西方を流れる天竜川沿いを南へ下っている。秋葉街道の最大の難所は、中央構造線が西方に向きを変える水窪の地・青崩峠にあった。信玄が浜松を攻める際、青崩峠でいかに注意を払ったか新田次郎の『武田信玄』（第四巻・山の巻）に詳細な記述がある（新田、1974）。織田信長が奇襲をかけて勝利した桶狭間の戦いの二の舞にならないためであった。

大鹿村は、日本を代表する大断層・中央構造線が貫きその真上に成立した村なのだ。中央構造線を含む地質体は伊豆半島の衝突に伴う圧縮力で押されてまくれ上がり、大鹿村付近では突っ立っている（松島、2019）。１９９３年、村に村立の大鹿村中央構造線博物館がオープンした。大鹿村は、南アルプスジオパークの重要拠点がある場所として、館の存在を積極的にアピールした村づくりをおこなっている。大断層といえども、中央構造線の活動の主体は中生代白亜紀のこと。わが国の前身がまだユーラシア大陸のはじにくっついていて、日本の姿などかけらもない時代のことだ。

館の前庭は、断層を挟んで外帯側と内帯側にある岩石を実際に採集してきて配置した岩石園となっている。選び抜かれた岩石は、どれもすばらしい（図18）。入館料は大人５００円。館内は広くないが、断層露頭の剥ぎ取りや、中央構造線を挟む地層がどうなっているか示した動く立体模型、所狭しと並んだ岩石標本も手作り感いっぱいで一見に値する。

断層露頭は、北川露頭が館より車で約25分、安康露頭が同20分、いずれも大鹿村内にあり、国の名勝天然記念物に指定されている。

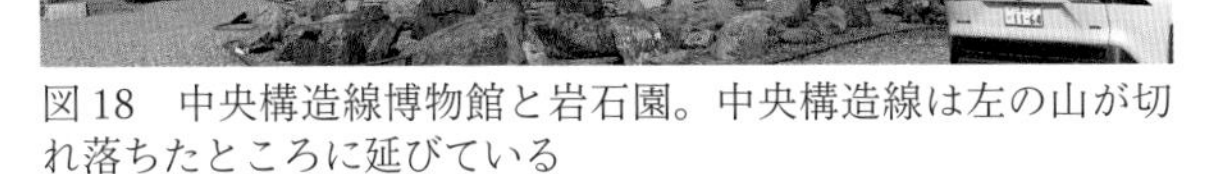

図18　中央構造線博物館と岩石園。中央構造線は左の山が切れ落ちたところに延びている

北川露頭は中央構造線を見下ろす高台にあり、露頭そのものはそこから少し下った崖面に現れている。右側（東側）は緑色の結晶片岩類、左側（西側）は明るい茶色の岩石でよく見ると片麻岩であることがわかる。両者がほぼ垂直に立った断層で接していて、著しく大きな力が加わって岩石が破砕され、マイロナイト化している。中央構造線が、いかに大きな力で広域にかつ強烈に周囲の岩石に影響を及ぼしたか目で確認することができる。ただ、常に風雨にさらされる状況下におかれた露頭の保存状態は必ずしも良好ではなく、時間経過とともに圧砕された岩石が見にくくなっているのは否めない。博物館内部に展示してある北川露頭の剥ぎ取り標本で、見にくい岩石や破砕帯など細部を確認するようお奨めする。

安康露頭は、鹿塩川の支流の川岸に見られるもので、水位が高いときは露頭に近づくことが難しい。右側に緑色の結晶片岩、左側に領家変成帯に属する片麻岩が認められるはずだが、両者とも著しく圧砕されていて岩石の種類を見極めることは容易ではない。北川露頭同様、風化も進行している。

ほかに中央構造線の露頭は、大鹿村から北へ約24㎞、伊那市長谷の美和ダム湖散策公園内に溝口露頭があり、よく整備されていて露頭も新鮮である（図19）。この露頭における断層線は垂直ではなく左側に向かって傾斜している。断層の右側では三波川変成帯の結晶片岩類、左側は領家変成帯の片麻岩が露出している。結晶片岩類は、チャート起源の珪質片岩のように思われた。この露頭では断層線に沿って珪長質岩脈（流紋岩か？）が貫いており、岩脈のカリウム－アルゴン年代が約1500万年前と測定されている。溝口露頭における破砕帯を貫く岩脈の年代値は、中央構造線の活動時期を知るうえで興味深い。公開されている露頭

図19　中央構造線溝口露頭。中央の黒灰色の部分は断層活動で岩石が粉々に圧砕された破砕帯

では、淡褐色の珪長質岩脈が2本に分かれたように現れており、よく見ないと中央構造線や断層破砕帯、隣り合わせになっている両変成帯などとの関係がわかりにくい。なお、溝口露頭のある位置から南方を見ると、中央構造線が通る部分が深く鋭角に切れ込んだ分杭峠を望むことができる（図20）。

大鹿村は、中央構造線という化け物断層が繰り返し活動し、切り立った断層崖の底に沈んだ凹所に成立した村だが、そこにも日々活発な人の営みがあり、村産のトマトは実においしかった。

＊＊＊

長野県には、第二次大戦と深く

図20　溝口露頭から分杭峠を望む。深く切れ込んだ部分が分杭峠。パワースポットともゼロ磁場地点ともいわれるが真偽の程は定かではない

関わりがある３つの代表的な戦争メモリアル施設がある。日本人として、自分自身の目で見、感じとってほしい必須の施設だと思う。その一つは長野県南部の下伊那郡阿智村にある満蒙開拓平和記念館である（図21）。日本の国策として中国東北部（旧満州地方）にわたり、１９４５年８月関東軍撤退とともに取り残され、苦難を重ねた人々がいたことを忘れないためにつくられた施設である。長野県は満州国にわたった人が最も多かった県で、とくに飯田市や阿智村からの出身者が多かったという。

図21　満蒙開拓平和記念館

二番目は、長野県埴科郡松代町（現在の長野市松代地区）にある松代大本営跡である。第二次大戦中、日本軍が大本営や天皇御座所はじめ重要施設を地下壕におさめ、本土決戦に備えようとした施設である。象山、皆神山、舞鶴山の計３カ所に掘削されている。総延長は10㎞にも及び、うち象山地下壕が一般公開されている。皆神山地下壕は、１９６７年より発生した松代群発地震の際、地震観測のため水管傾斜計が設置されたことでも知られる。

三番目は上田市にある戦没画学生慰霊美術館「無言館」である。第二次大戦に動員され、戦地にて戦死や病死した美術家の卵たちが描いた作品を展示した施設である。東京美術学校（現在の東京芸術大学）はじめ日本各地の美術学校を繰り上げ卒業させられ、わたった戦地で無念の死をとげた美大生たちのみずみずしい作品の数々に圧倒される。死なずにいたら、どんなにすばらしい画家になったのだろう。それは他の学問を志し、学徒出陣で亡くなった若者についても同じだろう。

7 氷河の爪痕千畳敷カール

◉長野県駒ヶ根市

中央アルプスの宝剣岳（標高2931m）と木曽駒ヶ岳（標高2956m）は、中学校3年生に登った山だ。私は名古屋市出身で、中川区の南はしに位置する市立一色中学校を卒業した。一色中学校では、3年生のとき先生に勧められて生徒会長に立候補し、立ち会い選挙を経て生徒会長に選出された。

どういう行事だったかあまり記憶にないが、名古屋市内の中学校から男女各1名が選ばれて、中央アルプスへの登山が計画された。一色中学校では生徒会長の私と副会長（女子）がこの行事に参加した。まだロープウェイなどない時代なので、駒ヶ根市内より徒歩で登った。はじめての本格登山で、途中落後した中学生が多く出るなか登頂したときより下山できたときの充実感に、思わず涙がこぼれた。

その後の駒ヶ岳登山は、ロープウェイに頼ってばかり。便利になり本格登山する登山家には申し訳ない限りだが、体に自信のない人でも山の魅力をじかに味わうことができるようになったことは素晴らしいことだと思う。2023年4月、ロープウェイ終点のホテル千畳敷内に約520㎡の木製テラスが新設された。人気にいっそう拍車がかかり、シーズン中はバスやロープウェイに乗るのに2時間待ちになるほど混み合っている。

木曽山脈の名で呼ばれる中央アルプスの山々は北アルプスや南アルプスとは異なり、全山ほぼ花崗

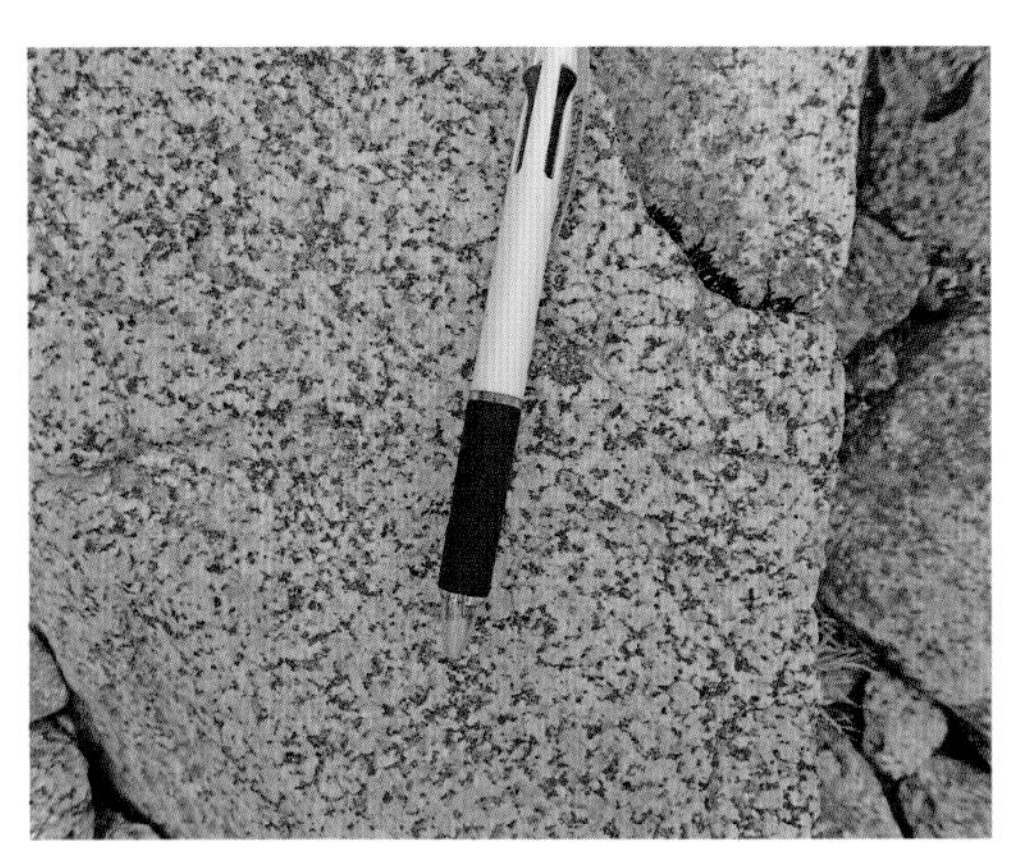
図22　中央アルプスを構成する花崗閃緑岩

岩で構成された山である。花崗岩といっても、中央アルプスのものは厳密には花崗閃緑岩に属しゴマ塩おにぎりのように見える。ところどころに暗色包有物（ゼノリス）を含むのが特徴である（図22）。中央アルプスのうち、北に位置する標高のかなり低い経ヶ岳（標高2206m）や黒沢岳（標高2127m）などは、付加体の堆積岩類で構成されている。

菅の台バスセンターよりしらび平駅までバスで約30分、しらび平駅からはロープウェイ7分半で千畳敷駅に到着することができる。そこはもう標高2612m、眼前に中央アルプスの大パノラマが展開する雲上の世界。見る景色は季節により大きく変化する。春まだ早い季節は雪景色の中に、有名な千畳敷カールの頂部を望むことができる。カールの本体は、まだ雪の中だ。秋には雪解けが進み、千畳敷カールの全貌と大小の花崗閃緑岩の岩屑がカールの中や外壁に積み上げられた光景を目の当たりにすることができる。岩屑はアルプスの山々に氷河が発達していたころのなごりで、その多くはモレーン（氷堆石）である（次ページ図23）。

中央アルプスの駒ヶ岳一帯は、氷河時代の痕跡を日本で最も身近に観察することができる場所なのである。モレーンは、本来カール底の全域に分布していたと考えられるが、現在は植生に覆われて見えにくくなり、谷の部分にのみ岩屑が露出している。この岩屑は、氷河時代以降山体から崩れ落ちたものも含まれるため、モレーンそのものとは言いがたい。

カールの底部は北アルプスで2500m、中央アルプスで2600m、南アルプスでは2800〜2900mぐらいに揃っていて、緯度が高い日高山脈では1450mの高さにカールが発達している（山田、1995）。駒ヶ岳ロープウェイ終点の千畳敷駅は、千畳敷カールの側堆石（サイドモレーン）の上につくられていて（山田、1995）、カールの底に立つには50m近く下りていくことになる。

千畳敷カールを少し歩くと、6月から7月にはショウジョウバカマやハクサンイチゲ、7月から8月にはシナノキンバイやチングルマなどを見ることができる。秋にはナナカマドが赤い実をつける。高山蝶では、宝剣岳への登山道付近でクモマベニヒカゲが観察されているというが、筆者は出会った

図23　秋たけなわのころの千畳敷カール
千畳敷カールはわが国でも最大クラスの氷食地形が見られる場所である。カール（圏谷）とは、厚く積もった氷雪の重みで山腹がスプーン状に削り取られたものである。線状に延びる白色の岩屑は、氷河が運搬した堆積物。河川が運ぶ砂礫とは異なり、大きさが不揃いであることが特徴である

経験がない。一方でホテル周辺にはハエが多い。採集して検討したわけでないので種名は定かではないが、クロバエの一種と思われる。夏季、日本の高山ではなぜかハエの発生が多い。

駒ヶ根市赤穂の南割公園の中に、日本最小のトンボとして知られるハッチョウトンボの保護池がある。中央高速道路駒ヶ岳サービスエリアから北へ約５００ｍの都市公園の一角にある瓢箪形の水深の浅い池だ。南割公園湿地と呼ぶ。この池の春季、夏季、秋季の３シーズンの水質と珪藻分析をおこなった（森ほか、2019）。

この池のpHはせいぜい6程度であるが、驚いたことに群馬県の尾瀬沼なみに清澄で酸性度の低い水域に生息する珪藻が３シーズンを通じて認められた。優占種の一つ

図24　南割公園付近から見た春の木曽駒ヶ岳連峰
中央高速道路の松川－駒ヶ根間を車で走ると、左手に木曽駒ヶ岳連峰が見える。高速道路は、上昇を続ける中央アルプスから運び出された堆積物が積み上がった扇状地の扇頂部から扇央部付近を貫いている。ここでは河川水の大半は伏流し、より下流の南割公園周辺で湧出する。雪解けのころに行ってみると水の多さは驚くほどである

アウラコセイラ・バリダは、尾瀬沼のみならず山梨県の河口湖、長野県の木崎湖のほか、ヨーロッパアルプスや北米大陸山岳地帯の腐植栄養ないし貧栄養の湖や池沼に出現する（Krammer & Lange-Bertalot、1991）。

南割公園湿地が位置する標高は７７２ｍしかない（図24）。だが、湿地に流れ込む水は、木曽駒ヶ岳からもたらされたモレーンや自然風化による大小の花崗岩礫を押し流す扇状地からの伏流水により涵養されている。この水の存在が、標高の高い山岳地帯や高緯度地域に生活する珪藻を、南割公園湿地に今も生きながらえさせているものと考えられる（森ほか、2019）。

⑧ 六文銭真田の聖地は深い海の底だった！

◉長野県上田市

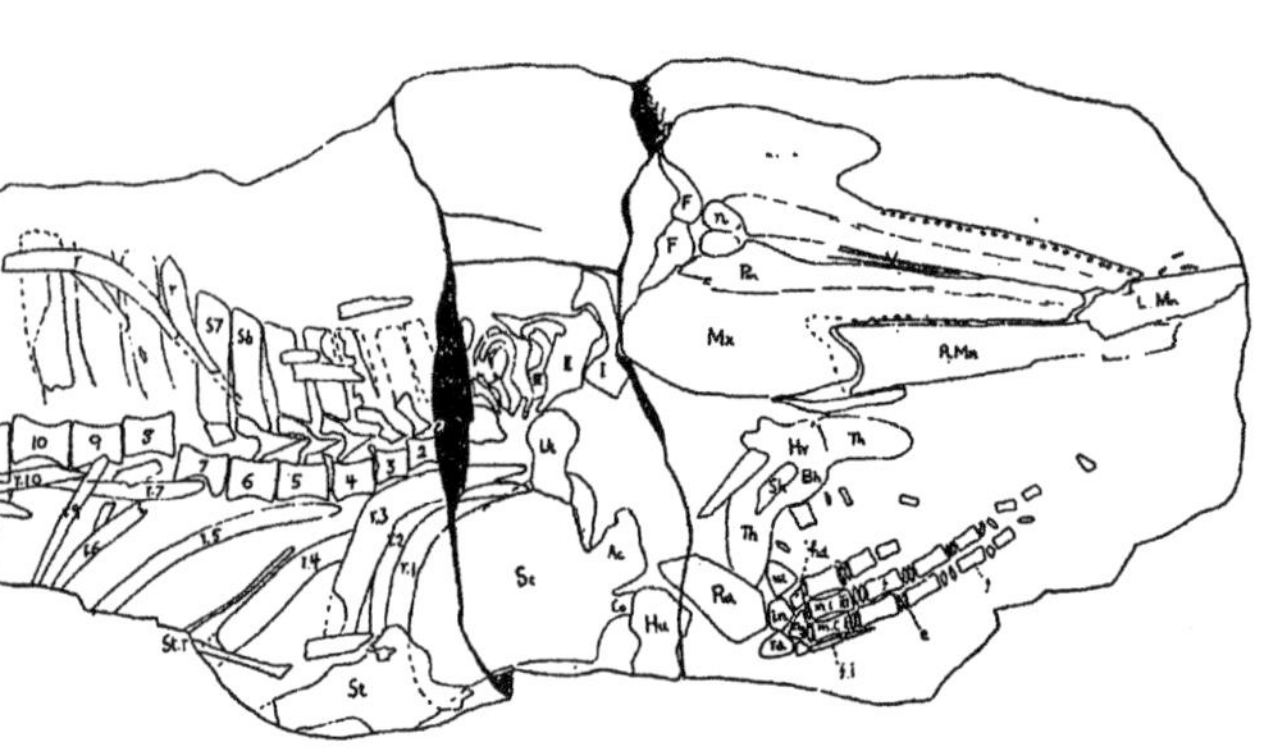

図25　シナノイルカの化石スケッチ（Makiyama,1936による）

上田市北西部の城山（じょうやま）（標高933m）の麓にある小泉大日堂。その一角に「泉田博物館」という名の小さな博物館がある。中に、1934（昭和9）年、日向川の上流で見つかったイルカの化石が展示されている。尾の部分が欠けているが、頭部や歯の形状がはっきりわかるすぐれた標本である（図25）。「シナノデルフィス・イズミダエンシス」と命名された。名づけたのは、京都大学で古生物学を永く指導した槇山次郎である（Makiyama、1936）。新属・新種である。すぐさま長野県の天然記念物に指定された。惜しむらくは、すでに化石標本の劣化が進行していることであろう。

体長は約1・1mとやや小ぶりなイルカ化石だった。近くの沢からは、もう一頭クジラの化石も発見されていて、この辺りが海であったことが想像される。時代は新生代新第三紀中新世（約1400〜1500万年前）のことである（小林、2002）。イルカやクジラが見つかった地層は、別所温泉付近に分布することから、別所層と呼ばれる。

別所層では、ペッカムニシキの名で知られる小型のイタヤガイの仲間が多産する（図26）。同属の現生種ハリナデシコガイが、水深200〜500mの漸深海帯に生息

図26　ペッカムニシキという名の貝化石（戸隠地質化石博物館写真提供）

する（波部、1975）ことから、ペッカムニシキもおそらく深い海に生息したのだろう。同じ別所層からは、ハダカイワシの仲間やソコダラ科など深海性の魚化石も確認されていて（上野、1979）、別所層が深海に堆積した地層であることを裏づける。

旧東筑摩郡四賀村（現在の松本市四賀）の別所層ではマッコウクジラの化石が発見されていて、復元された化石標本は松本市四賀化石館に展示されている。この化石は、１９８６（昭和61）年、小学5年生が保福寺川の河床で見つけたものという。１９８８年に発掘調査がおこなわれ、全長約５・５ｍのほぼ全身骨格が掘り出された。イルカ化石同様、長野県の天然記念物に指定されている。

今日地球上に生活するマッコウクジラは深海に適応するため頭頂部に大量の脳油を貯留し、これを暖めたり冷やしたりしながら深い海に潜ることを可能としている。一方で、現在のマッコウクジラには下顎に小ぶりの歯があるものの、上顎にはまったく歯がない。しかし、四賀化石館に展示された標本を見ると、この時代のマッコウクジラは両顎とも鋭い歯を備えていたことがわかる（図27）。口の形状から、このタイプのマッコウクジラはカミツキマッコウの名で知られる。

クジラは、およそ５０００万年前の新生代古第三紀始新世のころ、イヌに似た小さな陸上動物として生活していたものが、大型化する肉食獣に追われるように海の中に生息場所を求めて進化した哺乳類の一群であるという。クジラの仲間は手足をヒレに変え、体毛を失って流線型の体つきになったものの、肺呼吸や子を出産し母乳で育てるライフスタイルは失っていない。カミツキマッコウの姿を見ると、この時期の海の中がいかに危険に満ちていたか想像される。

さてさて、今日海のない長野県上田市や松本市に新第三紀中新世

図27　カミツキマッコウの復元標本（松本市四賀化石館写真提供）

のころイルカやクジラの化石が確認され、深海に生息する貝化石や魚化石が多産する事実は何を物語るのだろうか。この海の正体こそ、21歳で東大教授に迎えられ、ドイツからはるばる日本にやってきたお雇い外国人エドムント・ナウマンが見つけたフォッサマグナだったのである。

新潟県の糸魚川市から長野県の諏訪湖を経て、静岡県の安倍川付近まで南北に延びる長さ約250㎞の大断層「糸魚川－静岡構造線」。この東側に広がるフォッサマグナは、2000～1500万年前、日本列島が東西に観音開きするように移動することで生じた深い溝に起因している。この溝は少なくとも6000mの深さがあることがボーリング調査によりわかっている。もちろん最初から6000mの深さの溝があったのではない。土砂も堆積するが同時に沈降も継続し、貯まりたまってついに6000mを超える、とてつもなく大きな『日本列島を分断する巨大地溝』（藤岡、2018）を生じたのである（高橋監修、2023）（図28）。

戦国時代末期、六文銭の家紋で有名な真田昌幸・幸村親子は、上田市二の丸に位置する上田城を拠点とした。上田城の石垣もその大半は、フォッサマグナに堆積した別所層や別所層下位の内村層起源の凝灰岩で構築されている。その昔、真田信之が松代に移されるとき、父の形見として持っていこうとしたという上田城櫓門脇の大岩「真田石」。高さ2・3m、幅3・1mにも達するこの巨岩は、信之の父・真田昌幸が上田城築城の際、上田城北方の太郎山から運ばせたといわれている（小林、2002）。太郎山をつくる緑色凝灰岩は、フォッサマグナの最下部で活動した海底火山によってできたものである。

　真田が用いた六文銭とは、死者が三途の川を渡る際に必要とされた通行料という。戦場でいつ命果てるかもしれない武士の覚悟を示したともされる六文銭。真田家の聖地ともいえる上田市は、およそ1500万年前、フォッサマグナのほぼ中央部に位置する深い深い海の底だった。六文銭を6個並べた真田の旗印は、私には敵を奈落の底に沈める巨大地溝・フォッサマグナの形を表しているように見える。

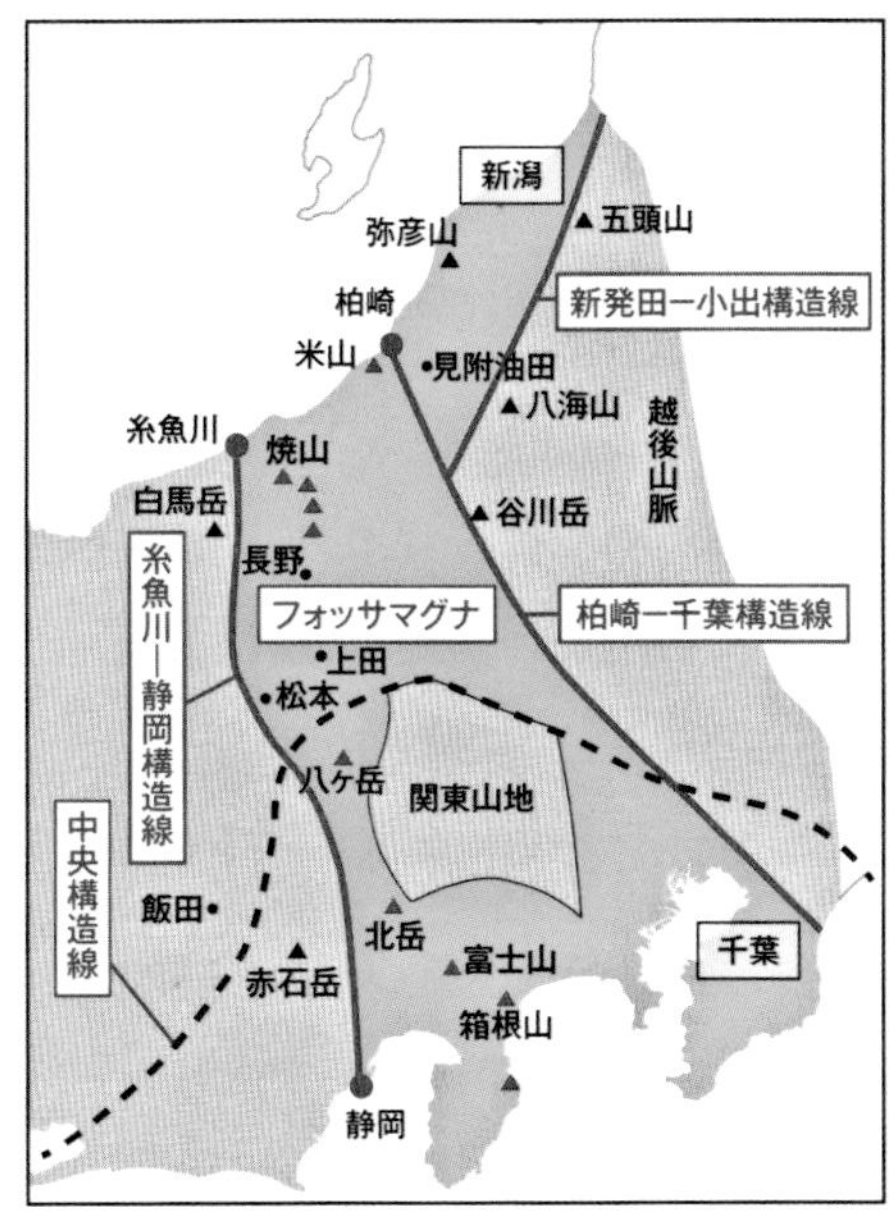

図28　フォッサマグナと上田市の位置
（高橋監修、2023より）

図29　フォッサマグナに堆積した「鴻の巣礫岩層」
別所温泉東方約8㎞の上田市富士山地区には、写真のような礫岩層が分布する。約950万年前から1300万年前（新第三紀中新世）、フォッサマグナに流れ込んだ河川が運び込んだ海成礫岩である。礫岩層は北へ約50°傾斜していて、地層堆積ののち、この地域が著しい地殻変動の舞台となったことがわかる。礫岩層を構成する礫は主にチャートで構成され、堆積物が佐久山地や南アルプス方面から運ばれたものと考えられる。

⑨ 謎の石「オニックスマーブル」について、その後

◉富山県黒部市

前著『東海・北陸のジオサイトを味わう』では、とりわけ富山県黒部市宇奈月町下立産の「オニックスマーブル」について、力をこめて書いた。ページ数も多く割いたし、使用した写真も多い。「まえがき」にも執筆に至った経緯を記し、オニックスマーブルが特別扱いだったことは誰の目にも明白だったろう。

結果として、オニックスマーブルに関心を持つ読者が増え、オニックスマーブルについてたずねるメールも他にくらべ断然多く届いた。NHK文化センター名古屋教室の講座とは別に、NHK文化センターのオンライン講座でもオニックスマーブルの話題を取り上げたこともあり、本の読者だけでなく受講生の皆さんの知識は大いに深まった。前著の中に書き切れなかったことも多く、その後わかったこともあるため、再度、オニックスマーブルについて取り上げてみたいと思う。

まずは、前著に記したオニックスマーブルのエッセンスについて拾ってみよう。

オニックスマーブルの名は、わが国で最も美しいとされた大理石に与えられた石材名である。岩石の正式名称ではなく、正しくはトラバーチンというべき炭酸塩岩の仲間である（岩石の正式名称はトラバーチンだが、ここでは「富山県の石」の名称に用いられたオニックスマーブルの名で表記することとする）。

この石材と出会うには、北陸新幹線の黒部宇奈月温泉駅待合室が良い。待合室のすべての壁が、黄灰色の縞模様が発達した美麗な大理石の石材で埋め尽くされている。その石こそオニックスマーブルなのである（図30）。

この岩石は、わが国で唯一、富山県黒部市宇奈月町下立（おりたて）でしか産出しない。分布が限られ、国会議事堂に使われて以来、産地が消失したとされてきた。そんな石材が、計画から竣工まで50年を要した国家プロジェクトである国会議

事堂建設にあたり、使用されることが決定したのである。いきさつの一端が、１９３６（昭和11）年に刊行された『帝国議会議事堂建築の概要』（営繕管財局編纂）および『帝国議会議事堂建築報告書』（同１９３８年刊）に詳しく記されている。帝国議事堂建設に使用する建築石材はすべて国産品とするため、明治43年より理学博士脇水鉄五郎と理学士小山一郎を日本各地に遣わし構造用石材と装飾用石材の分布調査にあたらせた。両院玄関広間および第一議員階段には、富山県下新川郡産の「オニックス」を使用することがこの段階で決定されている（営繕管財局編纂、1936）。

図30　北陸新幹線黒部・宇奈月温泉駅待合室のオニックスマーブル

　国会議事堂の内装用として、下立からは昭和２年から３年間に４４２トンものオニックスが採掘された（黒部市歴史民俗資料館、2020）。４トントラック１１０台分を超える石材量である。玄関広間や階段のみならず、わが国の憲政史上多大な貢献をした大隈重信や板垣退助・伊藤博文の銅像がのる台座の石にも、下立産石材が惜しげもなく使われている。下立産オニックスマーブルは、東京大学理学部地質学科を卒業した唯一の衆議院議員・工藤晃らが執筆した『議事堂の石』（工藤ほか、1982）の中で紹介され、広く日本国民が知るところとなった（図31）。

　オニックスマーブルの産地は既に消失したとされてきた。ところが、２００２（平成14）年からおこなわれた林道別又－嘉例沢線の開設工事によって標高６００ｍ付近の林道脇から、国会議事堂に使用された石材と同じオニックスマーブルが姿を現し、そこから採掘された石材を用い、北陸新幹線の黒部宇奈月温泉駅待合室の壁が飾られたのである

　この石が、いつどのようにして

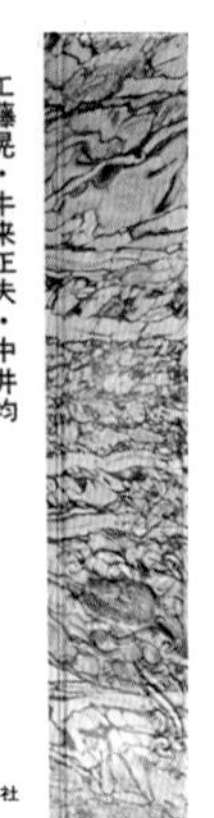

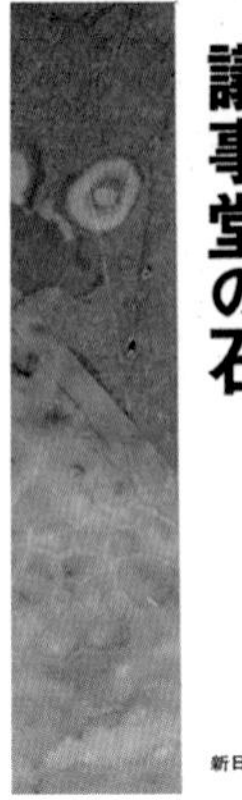

図31　工藤晃ほか（1982）『議事堂の石』

生成したか。２０１７年に刊行された泊地域地質図（同解説書）に、少しだけ記載がある。この石が新第三紀の沈殿性石灰岩（臨時議院建築局編纂、1921：乾・北原、2009）との考えを入れつつも、オニックスマーブルが認められる範囲は白亜系の内山層や親不知層の分布域であるため、形成された時代については検討の余地がある（竹内ほか、2017）とし、生成年代の言及を避けている。

その結果、オニックスマーブルの生成年代を新第三紀のものであるとする考え方と、中生代のものであるとする考え方の二者並んだ状況下のまま、オニックスマーブルが２０１４年に設立された立山黒部ジオパークのジオサイトの一つに認定された。２００２年の林道工事現場から採取した石材を野外展示した「下立の大理石」案内板（図32）には、「下立のトラバーチンは1億年前に作られたことが分かっています」と書き、黒部市歴史民俗資料館（2020）は、「黒部市宇奈月町下立に産する岩石はトラバーチンという石灰岩で、約1億年前に温泉水中の炭酸カルシウムが美しい縞模様をつくりながら沈殿して作られた」と説明している。

一方、オニックスマーブルが新第三紀（約１５００～１８００万年前）のものであるとする考え方は、先に記した小山一郎が『本邦産建築石材雑記』に、以下のように記している。「越中大理石俗称オニックスマーブルという淡褐色の石材は、第三紀の成層岩中に存在する温度作用で生じた石灰華の

図32　立山黒部ジオパーク「下立の大理石」の展示風景および看板

ようなもので、鉱物としては方解石というより霰石。この第三紀の岩石は凝灰岩・礫岩・安山岩・集塊岩などで、霰石層（大理石層）は礫岩の下部に位置し、かつ礫岩と数回の交盤（互層）をしている（図33）のを見れば、地層が生成した場所は浅海か河口に近いところだった」（小山、1912a：1912b）。この一文は、国会議事堂建設用石材の調達のため、脇水鉄五郎とともに宇奈月町下立を訪れ調査にあたった小山が110年も前に地質学雑誌に書いたものである。続いて、小山は『日本産石材精義』という名の石材マニュアルを刊行している（小山、1931）。小山一郎渾身の名著ともいうべき石材本のバイブルのような書物である。

図33　オニックスマーブルの最下部。砂礫や粗粒砂層が互層しながら堆積している

　以下は、小山が「日本産石材精義」に記した下立産オニックスマーブルについての説明文である。一部、口語に直して書いている。

■組織・斑紋・色彩は我国の他の地方にある大理石と大いにその趣を異にし、繊維状の木理に似たるセピア色の波状の縞模様、或いは白色の鰐皮に似たる斑紋あり。

■波状の縞の凹凸甚だしきものは切り方に依り鱗状、木目状模様或いは同心様の雲状紋を呈し、或いは柾目に平行したる波状をなす等その色彩共に優美なること我国大理石中他に其の類例を見ざる所なれども、惜哉岩体割條多くして5、6切以上の石材を得難く、採石率低きを以て石価自ずから高きを致すの欠点あり。

■然れども其の色彩の美はなほこの欠点を償うて余りあるべく、我国産大理石として重要なるもの。現に新議院建築装飾材として採用せられしも実にこの点にあるものならん。

　ざっとオニックスマーブルについて明らかになっていることを記

図34　オニックスマーブルの試料採取予定だった露頭

してみた。しかし、この岩石については いまだわからないことが多い謎の石なのである。判然としないことがらを列挙すると、生成年代、成因や生成環境、石材の採掘から加工までの工程、誰がこの石を採掘し誰が国会議事堂に納品したのかなど、よくわかっていないことが多い。

まず生成年代について。これは誰しも疑問に思う最重要課題の一つである。２０２１年11月、筆者は田口一男氏とともに地元下立地区の滝川修氏らに立ち会ってもらったうえで2度目の現地調査を実施し、年代測定用サンプルを採取すべき露頭を確認し、翌春を待つこととした（図34）。２０２２年になり何気なく日本地質学会のホームページを見ていると、秋田大学の福山繭子氏らが既に年代測定を実施し発表していることがわかったのである。コロナウィルス全盛期の２０１９年オンラインで学会が開催されている最中のできごとだった。年代測定の方法は、ウラン－鉛法。年代値については、62±26Ma、45.7±6.8Maなど2点が得られている（福山・小笠原、2019）。年代値のうえでは、新生代古第三紀にあたる。この年代値は意見が分かれていたオニックスマーブルの生成年代を考えるうえで画期的な数値といえるが、1億年前なのか１５００～１８００万年前なのか決着をつけてほしいと願っていた一般の皆さんには、事態を余計に複雑にしただけのようにも見える。やはり詳細な現地調査を実施し、オニックスマーブルがどの時代の岩石の上に形成され、どの時代の地層の下位に位置づけられるのか層位学的研究を経て、はじめてこの岩石の真の生成年代が確定するものと考える。

つづいて成因や生成環境について。このことについては、前著

『東海・北陸のジオサイトを味わう』の読者から重要な指摘があった。金沢大学理学部で地質学を専攻した田中善太郎氏が本を手にし、自ら大学時代に研究した炭酸塩バイオマットとオニックスマーブルが色や形状などがよく似ているというメールをいただいた。炭酸塩バイオマットとは、温泉や鉱泉のような環境下に生育した藻類やシアノバクテリア・桿菌・球菌などが光合成や化学合成をおこなうことによって炭酸塩岩、この場合はトラバーチンないしオニックスマーブルを生成するというものである。縞模様はこうした微生物が活動することにより作られたバイオマットの一種というのである（図35）。

図35　オニックスマーブルに見られる縞模様。　温泉中に炭酸カルシウムが沈殿した「化学的沈殿岩」のようでもあり、またラン藻はじめ微生物の活動により生じたバイオマットのようにも見える

田中ら（2001）は、山梨県増富鉱泉のバイオマットのラジウムトリウム年代を測定し、バイオマットの表層および深さ3㎝の部分では135±27日と216±25日、さらに深い6㎝の部分では6.6±1.2年の年代を示すことを明らかにしている（田中ほか、2001）。この年代値は、オニックスマーブルに似た石灰華が、福井県大野市において雨水が大気中の二酸化炭素を取りこんで石灰岩を溶解し、今も生成中である（伊藤・寺田、2002）という事実ともよく符合している。もちろん、オニックスマーブルの成因は微生物由来のものだけとは限らない。カルシウムイオンと重炭酸イオンが出会うような環境下で何らかの条件変化、たとえば水が蒸発したり脱ガスに伴って二酸化炭素が失われたりすればオニックスマーブルができる。

小山とともに国会議事堂建設にあたり石材探しに奔走した脇水鉄五郎は、岐阜県大垣市の石灰岩採石地として名高い金生山において、「オニックスマーブルは石灰岩の間を潜流せし水が炭酸カルシウムの一部分を溶解し岩の裂隙に来りて多年の間に種々の不純物と共に再び其溶解物を沈殿せしものにして、瑪瑙の一種なるオニックスの如き木理状の縞目をなすものなり」（脇水、1902）と書き、裂罅堆積物中にオニックスマーブルが生成している事実を報告している。

このことに関連し、１９２１（大正10）年、臨時議院建設局編纂の『本邦産建築石材』中に下立産オニックスマーブルの産状について、以下の記載がある。

「下新川郡下立村ノ南方ニ起伏スル高サ三百米ノ小山ハ第三紀層ノ凝灰岩及礫岩、砂岩、安山岩ヨリナリ此ノ間ニ礫岩ノ下層ニ石灰岩アリ。露頭ハ山頂ニ近ク、山側ノ石灰岩層ヲ直角ニ切リ、丁場ハ同岩ノ上層部ニ開カレルヲ以テ下層ハ知ラレザルモ集塊凝灰岩ナルモノノゴトシ」と書き、下立産オニックスマーブルが裂罅堆積物であるかのような書き方をしている。

もう一つ誰がオニックスマーブルを採取し、誰が加工のうえ国会議事堂に納品したのか。それを突き止めたのは、宇奈月町下立地区出身の柳原國良氏である。氏は先述の小山一郎著『日本産石材精義』を精査中、ほとんど誰も見ることがない巻末の広告欄に偶然「株式会社中央石材工作所」なる今はない石材会社の名前を見つけ、追求を開始したのだった。そして、第二次大戦の空襲でも焼失しなかった東京市日本橋区室町三丁目に位置した三共株式会社の中にあったらしい事務所にたどり着き、この事務所こそが当時、オニックスマーブル加工の専門ブランドとして業界でもナンバーワンの地位を占めていた株式会社中央石材工作所だったのではないか、というのである。『下立村史』（下立地区自治振興会、2004）の中に見えるオニックスマーブル採掘の契約者・塩原又策が三共株式会社の社長であることを考えると、少なくとも一時期、中央石材工作所は株式会社三共のグループ会社か子会社のような存在だったのだろう、というのが柳原の見立てである。こうして従来、大理石の専門メーカーとして名が知られた岐阜県大垣市の矢橋大理石合資会社（当時）の陰に隠れ、歴史の闇に葬り去られていた中央石材工作所の存在が明るみになったのである。

オニックスマーブルについて、『東海・北陸のジオサイトを味わう』刊行後明らかになった主な内容について追記したが、依然この岩石は不明な点が多い謎の石であることは変わりない。

⑩

液状化災害の怖ろしさ——能登半島地震速報①

◉石川県内灘町・かほく市

２０２４年１月１日、能登半島地震が発生した。奥能登の輪島市や珠洲市・能登町などは最大震度７の揺れに襲われ、家屋の倒壊や津波・大規模火災など、今も復興のめども立たない状況である。あまり報道されていないが、こうした地震災害とは別に、金沢市の北に位置する石川県かほく市や河北郡内灘町などでは大規模な液状化災害に見舞われ、これまで経験したことがない事態となっている。

地震発生後、45日が経過した２０２４年２月18日、石川県立大学大丸裕武氏の案内で、居川信之さん（エイト日本技術開発）ら土木学会のチームに混じって液状化災害の現場を訪問・調査した。ここでは、今まで見たことがないような液状化被害が生じていた。

被災地である内灘町やかほく市で、液状化災害をより深刻にしたと考えられる要因が二つある。一つはこれらの町が日本海に面していて、かつて存在した「河北潟」と呼ばれる大きな汽水域を埋め立てて町がつくられたこと。そしてもう一つは、南北に延びる町の西方に巨大な砂丘（内灘砂丘）が存在することであろう。こうした二つの地形的要因を抜きにしてこの地における液状化災害を語ることはできない。

地震災害を語る前に、被災地が直面した現代史に関わる二つの重要なできごとについて知らねばならない。その一つは液状化災害に見舞われた場所が、私たちが中学校の社会科、あるいは高校地理で学んだ国策で実施された１９６３（昭和38）年より始まる国営河北潟干拓事業の現場だったことである。８年の歳月を経て、総面積２２４０haの河北潟の60％に及ぶ１３５６haが干拓され広大な農地が誕生したものの、干拓完了を待たず１９７０（昭和45）年には全国的な米過剰による減反政策が実施されたのだった。今も、二つの町にはその影響が重くのしかかっている。

もう一つ、砂丘の町・内灘が全

国に知られた戦後初の基地反対運動「内灘闘争」の町だったことである。1952年9月の朝鮮戦争のさなか、米軍は砲弾射撃の試写をする場所を探していた。その過程で、きわめて高くしかも厚さもあった内灘砂丘（図36）を実弾射撃の試射場に選定し、日本政府に接収を迫った。反対運動が巻き起こり、全国から学生や労働者、知識人・芸術家など支援者がぞくぞくこの町に集まってきた。五木寛之の小説「内灘夫人」の中に、闘争を経験したヒロイン霧子の回想が書かれている（五木、1972）。

「風と砂の館」（内灘町立歴史民俗資料館）には、静かな浜を守りたいという地元の人々に支えられ、砲弾の飛び交う砂丘での座り込みやデモで抵抗した戦いの記録が展示されている。とりわけ力を尽くしたのが女性たちだったという。その砲弾射撃場は1957年に返還された。砂丘にはいまも、米軍の指揮所や着弾地観測所などの遺構が残されている。

商店も住居も、そして道路も液状化に伴い、きわめて苛烈な状況に陥っていた。内灘町だけで損壊家屋は1500棟に達し、人口わ

図36　内灘砂丘（石川県かほく市）

図37　西荒屋小学校グラウンドに生じた地割れ（石川県内灘町）。砂丘側から押し出される過程でできたものと考えられる

図38　大きく破壊された榊原神社（石川県かほく市）

ずか2万6千人の町は壊滅的な被害を受け、多くの家々に赤紙（危険度判定で人の立ち入りが禁止されている）が張られていた。内灘町の西荒屋小学校のグラウンドには地割れができ、幾筋もぱっくりと亀裂を生じていた（図37）。それが単なる地割れではないのである。左側の地面がずり下がり、グラウンドそのものが傾いたうえに、右側から左側に向かって押し出されている。側方流動と呼ばれる、これまであまり経験したことがない液状化災害である（塚越、2024）。これに伴って、建物も道路も西方から東方へと移動したことがわかっている。

内灘町から県道8号を北上し、かほく市に入ると道路や建物はさらに深刻な事態となっていた。写真は、大崎集落の中心にある氏神さまを祀った榊原神社の状況である。鳥居はかろうじて倒壊を免れたが、参道や敷石は大きく破壊し、拝殿が建つ敷地全体が陥没し前方に向かって押し出されている（図38）。側方流動の状況は、一般の住宅の方がより深刻である。県道8号に沿って建つ家々はことごとく西側から東側に向かって押し出され、傾いたり乗りあげている（図

図39　側方流動で破壊した家屋（石川県かほく市）。家屋は後方に位置する家も含め基礎ごと移動している

39）。地震を経験した地元の方に聞いてみると、揺れが収まって外に出ると、立っている地面が、「ズズー」と横に動いていくのがわかった、と話された。液状化に伴う側方流動や地滑りが、かほく市や内灘町で起こっていたのだ（図40）。

図40　県道8号に押し出すように破壊した建物（石川県かほく市）

畑として使われていたところで

は、方々で砂が噴き上げたことを示す噴砂丘が観察された（図41）。割れたアスファルトの道路からも、砂が噴き上げていた。当然のことながら、液状化に伴う側方流動により水道や下水などのライフラインはズタズタに寸断され、復旧にはかなりの時間を要したというが、根本的には直っていない。

図41　砂地盤の液状化に伴って生じた噴砂丘（石川県かほく市）

　河北潟の埋め立てが進められ、現在は痕跡的に残った内灘町東方の河川堤防にも深刻な影響を与えていた。基礎工事を施した水門や橋脚、排水施設などは沈下せず堤防や道路だけが液状化のため激しく沈んだため、びっくりするような段差を生じてしまったのである（図42）。同じ状況は、液状化被害を生じた地域に建つ公共的建造物にもあてはまる。建物だけは沈下から免れて抜け上がったが、そこにつながる地面が下がった結果、アスファルトなどを詰めないと中に入れなくなってしまった。

図42　周りが沈下した分だけ抜け上がった配水管（石川県津幡町）

　液状化は、建物破壊や津波などのように一瞬にして人命を奪うほど緊急性のある地震災害ではないが、被災地では土地境界すらわからなくなってしまい、傾いたり移動したりした建物には住むこともできず、時間が経つにつれ深刻さがのしかかってくる怖ろしい地震災害といえる。

⑪

震度7の揺れに加えて津波が襲う――能登半島地震速報②

◉石川県珠洲市ほか

『東海・北陸のジオサイトを味わう』（風媒社）では、石川県6カ所のうち、4カ所を能登半島のジオサイトについて紹介した。

能登半島地震が発生し被害の状況が新聞やテレビなどで伝えられると、取材した方々は大丈夫だろうか、自宅や工場などは無事だったろうかと想いがつのり、胸が苦しくなった。まだ道路状況が良くないなか、震災後2カ月経った2月28日、29日の両日被災地を訪ねた。

能登里山海道が通れないため、能登半島の付け根部分は西海岸を通り、そののちは七尾湾の沿岸部を走って、珠洲（すず）市へと向かった。その過程で、羽咋市に位置する「日本で最初に見つかった古代塩田」である滝・柴垣製塩遺跡周辺の海岸部、および同市の看板でもある千里浜なぎさドライブウェイは無事だったことがわかり、まずはホッとした。しかし、羽咋市やその北側に位置する志賀町に入ると、屋根瓦が損傷しブルーシートをかぶせた家が目につくようになり、地震動が大きかったことが想像された。羽咋市や志賀町でも亡くなられた方がおられ、負傷者も多い。

七尾市に入ると、家屋の損傷はさらに大きくなり、能登半島有数の観光地として知られる和倉温泉も被災し、観光客を受け入れる状況とは程遠い。七尾湾の北部に位置する鳳至郡穴水町では湾奥部で川が流れ込んでいる低地部に建つ家屋が倒壊しており（図43）、屋根瓦の破壊はより一層目立つようになった。死者も多数出ている。

穴水町の北側に位置する鳳至郡能登町。能登町には、国指定の史跡・真脇遺跡が位置している。縄文時代中期～晩期にかけ、この場所で大規模な集落が栄え、とくにイルカ漁をおこなっていたことが知られ、合計286頭ものイルカの骨が発掘されている（能登町教育委員会、2022）。縄文時代晩期には、環状木柱列が立てられていたことも明らかになっている。真脇遺跡からは、シャープゲンゴロウモドキやアカスジキンカメムシなどの昆虫化石が見つかっており（森、2022）、筆者にとっても大変気になる場所の一つだった。真脇遺跡縄文館の内部は一部損傷したものの、建物や史跡公園内に構築された環状木柱列は無事だった（図44）。

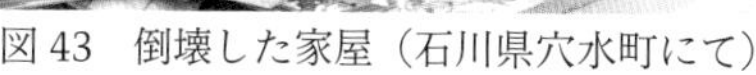
図43　倒壊した家屋（石川県穴水町にて）

図44　国史跡・真脇遺跡の環状木柱列（石川県能登町）

　珠洲市は能登町の北に位置する。珠洲市に入ると、被害の大きさは深刻度を増した。倒壊した家屋の写真を撮る際、視界内に人がおられる場合には必ず声をかけるようにした。もっとも気がかりだった珠洲市正院町の切り出し七輪の丸和工業を訪ねた。そこは、『東海・北陸のジオサイトを味わう』の中で、最も力を込めて取材し執筆した珪藻土の加工場がある現場だった。思わず涙がこぼれた。それ以外に表現しがたい惨状だった。その写真は、本には載せないことにする。

　実は、正院町は珠洲市でも最も地震災害が深刻だった場所の一つである。２０２４年1月1日の能登半島地震に伴う揺れそのものが大きかっただけでなく、２０２０年以降珠洲市周辺では群発地震に見舞われていた。２０２２年6月19日に発生したM５・４の地震では最大震度6弱、２０２３年5月5日に発生したM６・５の地震では最大震度6強を観測しており、たび重なる地震で珠洲市内の建物は損傷を受けていたと思われる。能登半島地震の余震も建物倒壊を加速した（図45）。

正院町の道路では、至る所でマンホールが抜け上がり、それがその後の復旧活動やボランティアの派遣を妨げている。原因は地盤の液状化と思われる（図46）。当然のことながら、こうした場所では上下水道は使えないままである。正院地区では水が出ないため、住民は家に問題がなくても二次避難場所から戻ることができない。また、住民が戻っていないため、ボランティアが入っても壊れた家のかたづけすらいっこうに進まないのである（図47）。

図45　倒壊家屋の近くに比較的軽微な被害の家（珠洲市正院町）

図46　抜け上がったマンホール（珠洲市正院町）

珠洲市は珪藻土を産出する町である。珪藻土でできた景勝地として、とりわけ有名な場所が、珠洲市宝立町の沖合にある見附島である。別名「軍艦島」とも呼ばれ、海中に浮かぶ巨大軍船のように見える。能登半島地震で見附島の側面が大きく崩れ、島が小さくなった、とニュースで放送されていたので、それを見に行った（図48）。

そこはまた、津波が襲った場所でもあった。見附島に至る海岸を歩くと、電柱に海藻が引っかかっていて、少なくともこの高さまでは海水が押し寄せたことがわかる。海藻が付着した高さから読み取

図 47　片付けられないままの倒壊家屋（珠洲市正院町）

図 48　珪藻土の地層が堆積した見附島（珠洲市宝立町）

図49　電柱に引っかかった海藻の位置から津波の高さがわかる（珠洲市宝立町）。左は見附島、

ることができる津波の高さは、砂浜の標高を含めると、ゆうに2mを超えている（図49）。能登半島地震の津波を調査した金沢大学の由比政年によれば、この地の浸水高は3・5mに達したという（由比、2024）。見附島北方の宝立町鵜飼の集落は津波に襲われ、人のいなくなった町の姿はまるでゴーストタウンのようで、カメラを向けるのが何だか申し訳なかった（図50）。

図50　津波で被災しゴーストタウンのようになった町（珠洲市宝立町）

　見附島から南へ約6㎞の海岸線は能登半島の先端部が西方へ大きく湾入し、夏には海水浴場で賑わい、他のシーズンは松林や奇岩がつくる景観が美しく「恋路海岸」の名で知られる。恋路海岸は、なかにし礼作詞丹羽応樹が歌った「恋路海岸」、作詞・作曲村下孝蔵で村下自身が歌った「恋路海岸」の舞台となった「えんむすビーチ」として人気だが、その場所も能登半島地震の津波で無残に破壊されていた。

　2月末の珠洲市訪問では、ムカシナンバンダイコクコガネを産出した高屋地区の海岸部に至ることはできなかった。そこは、今回の地震を引き起こした震源断層に最も近く、海底が大きく隆起し、崖崩れ箇所も多いため、復旧が進んだのち訪れることとしたい。

⑫

魅惑の恐竜ワールドふくい

◉福井県福井市

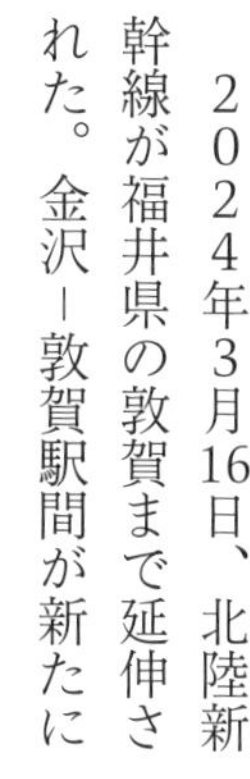

図51　ブラキロフォサウルスのしっぽの部分（福井県立恐竜博物館にて撮影）。リニューアル後、展示されたハドロサウルス科の恐竜化石。ミイラの化石と呼ばれるほど保存が良い

２０２４年３月16日、北陸新幹線が福井県の敦賀まで延伸された。金沢－敦賀駅間が新たに開業し、東京から敦賀までが一本で結ばれたのである。これを一番期待していたのは、福井県であろう。福井県は新幹線の開通に合わせ、観光客を誘致すべく何年も前から対策を練っていた。

福井県の観光の目玉は、今や芦原温泉や永平寺・東尋坊でなく恐竜であろう。安山岩の柱状節理で有名な東尋坊は観光地の一つであっても、ジオパークにはなっていない。福井県で日本ジオパークネットワークに唯一登録されているのは、「恐竜渓谷ふくい勝山ジオパーク」だけである。その中心的な存在は、もちろん福井県立恐竜博物館。博物館では、北陸新幹線開通をにらんで、２０２３年７月にはすでに大規模リニューアルをおこない、新館を増設した。リニューアルの結果、新たに展示された恐竜化石は22体（図51）。福井県立恐竜博物館に展示されている恐竜化石の全身骨格はなんと50体を数え、その数はもちろん日本一、いや世界一だという。

小学校6年の理科の教科書を開いてみると、どの出版社でも恐竜を大きく扱っている。その中でひときわ幅を利かせているのは、フクイサウルスである。以下は、東京書籍版教科書に書かれている内

容を一部漢字に直し、転載する。

福井県勝山市に見られる地層では、多くの恐竜の化石が発掘されています。このうち、フクイサウルス（図52）は、日本で初めて、全身の骨が発見されて組み立てられた恐竜です。

福井県勝山市の発掘現場と、ここで発掘されたフクイサウルスをはじめとした5種類の新種の恐竜の化石は、2017年2月に、国の天然記念物に指定されました。恐竜の化石やその発掘現場が国の天然記念物に指定されたのは、全国で初めてのことでした。

日本では、このほかにも、各地でいろいろな種類の恐竜の骨や足跡の化石が発見されています。

図52　フクイサウルスの骨格標本（福井県立恐竜博物館にて撮影）

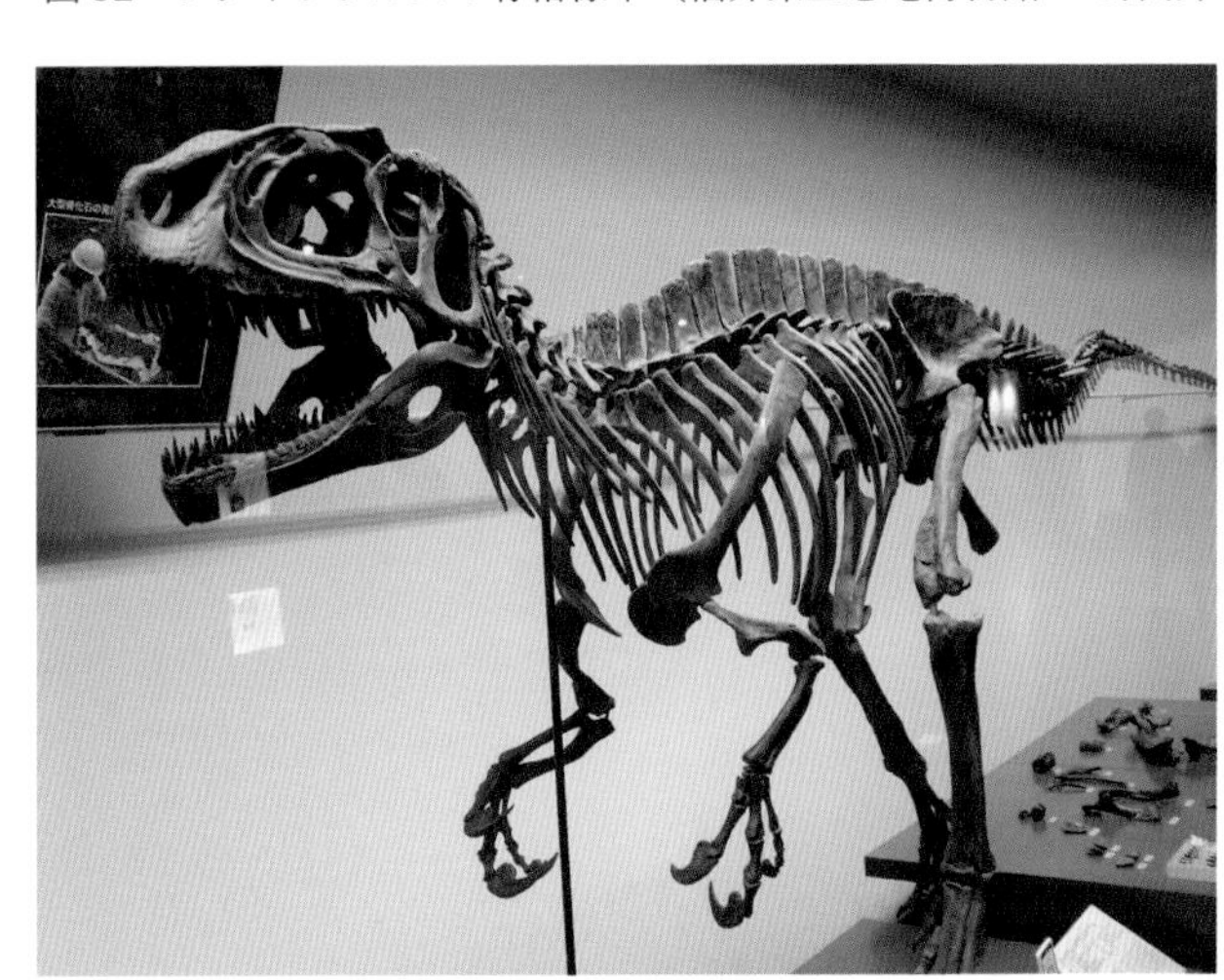

図53　フクイラプトルの骨格標本（同）

教科書には、全長約4・7mの草食恐竜であるフクイサウルスの復元模型と復元骨格の写真が掲載され、この恐竜が草食恐竜でがっちりとした上顎に特徴があるという説明が添えられている。このほか、実物大のフクイサウルスの歯の化石の写真、勝山市での発

図54　JR 福井駅前に展示されたフクイティタンの復元模型
フクイティタンは竜脚類のティタノサウルス形類に属する。ティタノサウルスの名は、ギリシャ神話のタイタン（巨大神）に由来し、10 mを超える大型のものが多かった。フクイティタンは全長 10 m、ティタノサウルス類としては小ぶりで頭が小さく首も短かったが、巨体を支えるため両足は太くがっしりとした体型に復元されている

掘作業の様子や、肉食恐竜フクイラプトルの復元模型（図53）、およびその爪の化石写真をはじめ、計8枚の写真と図が掲載されている。

こうした教科書を見れば、小学生は誰だって恐竜を見てみたいと思うだろう。実際に夏休みや休日に出かけてみると、小学生や幼児などを伴った家族連れで恐竜博物館はごった返していて、ゆっくり見られないこともしばしばである。

ここで改めて、福井県勝山市から発見され、新種記載された恐竜化石を列挙してみよう。小学校の教科書に載った「フクイサウルス・テトリエンシス」は、博物館発行の公式展示図録では全長5・2mと記載され、イグアノドン類の草食恐竜化石で2003年に新種記載されたとある。同じく小学校教科書に写真がのる「フク

イラプトル・キタダニエンシス」は、アロサウルス上科に属し全長4・7mの肉食恐竜である（図53）。新種記載は一番早く2000年とされている。大型草食恐竜で、JR福井駅前でもひときわ目立つ大きさに復元されているのは、「フクイティタン・ニッポネンシス」（図54）。2007年に命名され、全長約10mとされている。フクイサウルス同様、イグアノドン類の草食恐竜に属し、2008年に新種記載されたのが「コシサウルス・カツヤマ」である。全長約3mとされている。原始的な小型獣脚類（肉食性）で全長約2・2mだったとされるのが、「フクイベナートル・パラドクサ」。2016年に新たに新種記載された。この5点が小学校の教科書に紹介された福井県産恐竜化石である。

その後、2023年に新種記載された「ティラノニムス・フクイエンシス」が加わり、計6体が福井県から発見され名前がつけられた恐竜化石である。ティラノニムスは、全長約2mのかなり小型の肉食恐竜だったとされている。

このように福井県からは6種もの新種の恐竜化石が発見されており、福井県がわが国最大の化石産地であることは、今後よほどのことがない限り破られることはないだろう。これらの化石は、博物館から北東へ約5㎞ほど隔たった北谷町のたった一つの露頭から見つかっている（図55）。この化石を含む手取層群北谷層は、恐竜王国・福井にとってまさに宝の山だったというわけである。

図55　多くの新種の恐竜化石を産した北谷露頭

【城石垣を見て回る⑦】

諏訪湖の浮城——高島城

●諏訪市

諏訪湖は構造湖（断層湖）である。ちょうど糸魚川・静岡構造線（フォッサマグナの西縁）と中央構造線が交差する場所である。東北日本と西南日本に二分するフォッサマグナと西南日本の内帯と外帯を分ける中央構造線、これら2つの大きな地質学上の構造線を発見したのは、明治のお雇い外国人の一人、エドムント・ナウマン（Edmund Naumann 1854〜1927）である。1875（明治8）年、ドイツから来日した。1877年に東京大学の初代地質学教授、1879年に地質調査所を創設、1885年にベルリンで開催された第3回万国地質学会議で日本の地質図を公表した。ナウマンは日本の地質学の父と言ってもよいだろう。わずか十年間の日本滞在でこのような大きな業績を上げた。一番の功績は日本列島の大きな地質構造であるフォッサマグナと中央構造線の発見・命名・成因の研究であろう。フォッサマグナの発見については、1893年の「日本の地質と地理への新貢献」中の第2論文「フォッサマグナ」に記されている。3回にわたるフォッサマグナ旅行記録を読むと、調査の様子を概観することができる。8月17日に来日した時、彼はまだ20歳であった。

来日から3カ月たった11月に第1回、翌年1876年7月に第2回、1883年7月に第3回の地質旅行をおこなっている。その第2回目の旅行で、高島（上諏訪）に宿泊している。温泉宿で泊まった翌日、宿から小舟に乗り水路で高島城の横を通って、諏訪湖に出て下諏訪に向かった。高島城についての記述が出てくる。それによると、「わが故郷（ドイツ）の城の建物は、たくさんの塔や尖塔を備えて空高くそびえているのであるが、日本の城はもっと横に広がっている。また上諏訪の城には、広くて深い堀、巨石を積み上げた城壁、そして城の隅には幾層も重なった塔をもったどっしりした建物がある」と印象を述べている（山下、1996）。

平安時代に諏訪大社（上社）の神官が武士化したのが、諏訪氏の起こりとされる。戦国時代の1518（永正15）年、諏訪頼満（よりみつ）が諏訪郡内を制圧し、隣国、甲斐の武田信虎（のぶとら）と争うことになる。その後、武田と諏訪の和睦がなされ、信虎の娘が頼満の孫である頼重（よりしげ）の正室に迎えられ、諏訪氏と武田氏は縁戚関係となる。諏訪頼満が死去した後、頼重が当主となる。1542（天文11）年、武田信玄が突如諏訪に侵攻。頼重は自害する。そして、諏訪の地は武田が支配することとなる。1573（元亀4）年、信玄が死去すると、跡を継いだのは四男・勝頼（かつより）である。勝頼の母は信玄の側室であった諏訪勝重の娘で諏訪御料人として知られる。武田勝頼が織田信長との戦いに敗れ、武田氏が滅亡して、諏訪の地が織田氏の領地となってわずか3カ月後、本能寺の変で信長が倒れたため、40年ぶりに諏訪頼忠（よりただ）が城主となる。頼忠はその後、関東に転封となり、代わって諏訪郡は豊臣秀吉の家臣・日根野高吉（ひねのたかよし）の所領となる。高吉は1592（文禄元）年から1598（慶長3）年まで、7年ほどかけて高島城を築城した。波が石垣まで打ち寄せ、諏訪湖に浮かんで見えることから「諏訪の浮城」と言われた。その後行われた干拓などで諏訪湖岸の位置は次第に高島城から離れてしまった。関ヶ原の戦いの後、1601（慶長6）年、諏訪頼水（よりみず）が藩主となり、以後明治維新まで諏訪氏が治めることとなる。廃城令で1875（明治8）年までに城内の建物はすべて取り壊された。1970（昭和45）年、市民の寄付などで復興天守が鉄筋コンクリートで完成した。同時に冠木（かぶき）門、冠木橋、角櫓、塀などは木造で復元された。

図1は北東から水堀越しに角櫓、冠木橋、天守を見たものであ

図1　角櫓と天守を見る

図3　天守台東面石垣

図2　復元された天守

図4　天守台石垣石材

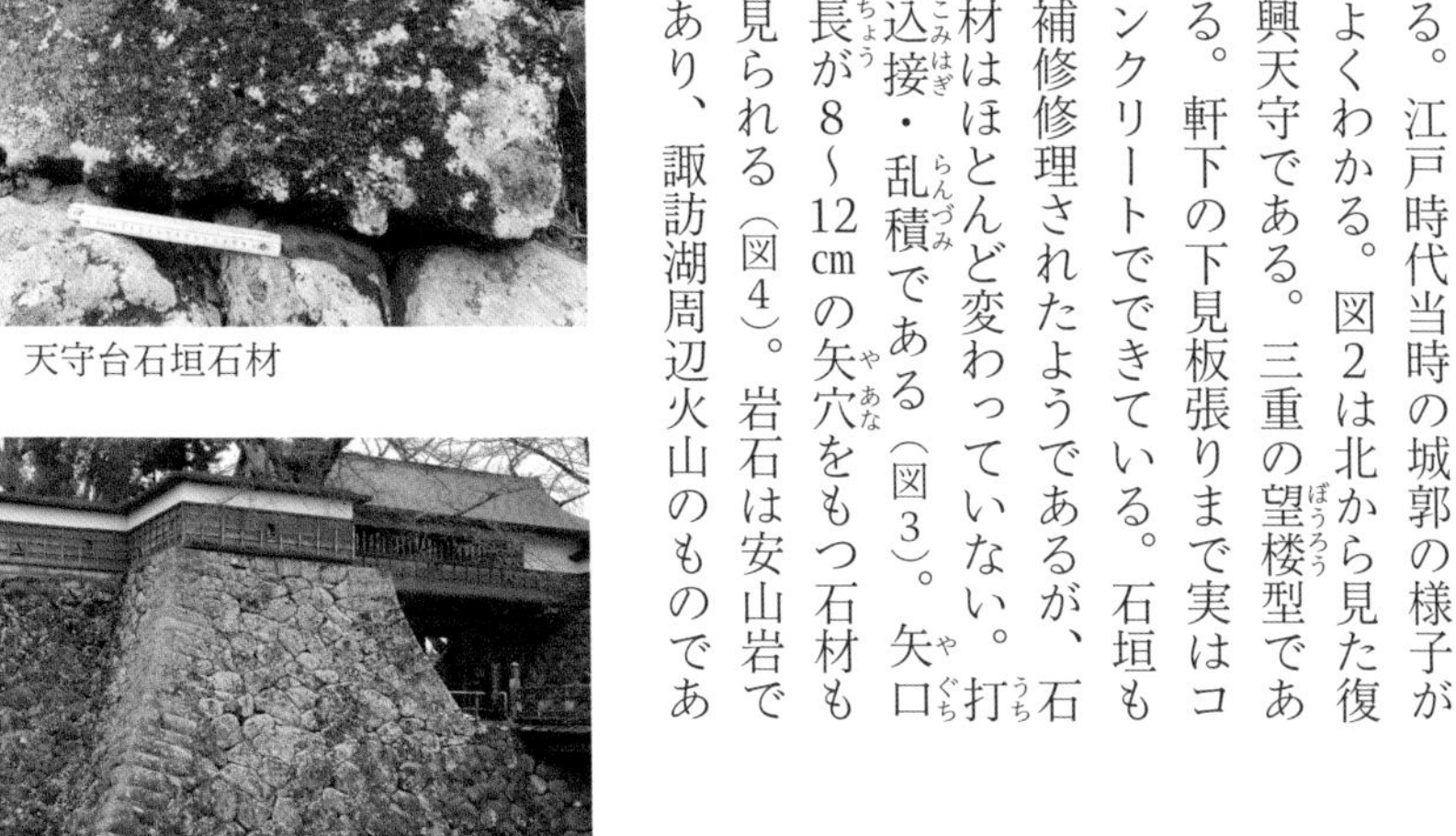

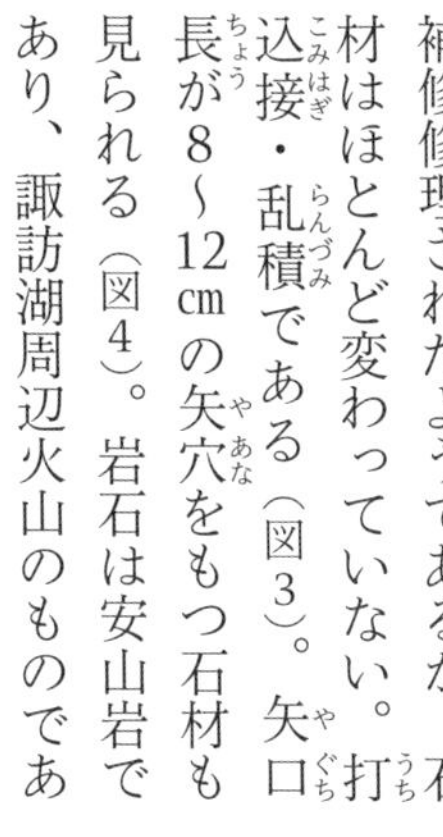

る。江戸時代当時の城郭の様子がよくわかる。図2は北から見た復興天守である。三重の望楼型である。軒下の下見板張りまで実はコンクリートでできている。石垣も補修修理されたようであるが、石材はほとんど変わっていない。打込接・乱積である（図3）。矢口長が8〜12㎝の矢穴をもつ石材も見られる（図4）。岩石は安山岩であり、諏訪湖周辺火山のものである。図5は、冠木門横武者溜石垣である。算木積みの隅角石は大きさが揃っていて美しい。図6、図7は冠木門横の石材で、築石も隅角石も安山岩である。図8は天守台石垣隅脇石に使われている転用石で、花崗閃緑岩である。この城には三之丸に温泉浴場があった。温泉を通す管の繋ぎ目となっていた石桝が城内に保存してある（図9）。今でも諏訪湖は温泉で有名

図5　冠木門横武者溜石垣

図6　冠木門横石垣築石石材

図 7　冠木門横石垣隅角石石材

図 8　天守台石垣石材中の転用石材

図 9　温泉を配湯した石桝

図 10　片倉館

だが、図10は紡績会社の保養施設だった建物で、一度に１００人は入れるプールのような「千人風呂」があることで知られている。フォッサマグナと中央構造線という断層によってできた諏訪湖（図11）だが、昔のようには戻っていないのが現状である。

ＪＲの車窓からフォッサマグナによる地形（図12）を眺めながら、若きナウマンがどうしてこれほどの偉業ができたのか驚嘆するとともに先人の調査研究の偉大さに想いをはせていた。

図 11　諏訪湖

図 12　岡谷から諏訪湖を見る

【城石垣を見て回る⑧】

日本アルプスを背にした国宝天守
――松本城

◉松本市

図1　北アルプスを背にした国宝天守

現存する国宝天守の中で一番人気があるのが松本城である。松本盆地の中にあって北アルプスを背にした天守は澄んだ堀の水面に映えて美しい（図1）。白亜の姫路城も美しいが、漆黒の松本城も風格がある。

松本城は1582（天正10）年、小笠原貞慶（さだよし）が深志（ふかし）城を松本城に改名したことから始まる。1590（天正18）年、石川数正（かずまさ）が入封し、数正・康（やす）長（なが）父子が新たに城を築城し、天守が完成したのは1594（文禄3）年で、本丸、二の丸や城下町などは康長の時代に整備されたとされる。その後、小笠原氏、戸田氏が入封したのち、松平直政（なおまさ）が1634（寛永11）年、辰巳附櫓（たつみつけ）と月見櫓を増築した。さらに堀田氏、水野氏と城主が変わり、1726（享保11）年に戸田光慈（みつちか）が鳥羽城主から入封、明治までの約140年戸田氏が松本を治めた。

大河ドラマで家康を取り上げたが、家康の重臣、石川数正を演じていたのが、私の好きな『孤独のグルメ』で主人公を演じる松重豊さんだった。そんなことから石川数正に親しみを感じるようになった。そして、松本城も一層身近な城に思えるようになった。その松本城の石垣を見てみよう。
　図2は水堀部南東石垣を望遠で撮影したものである。隅角石は割石ではなく自然石で積まれている。築石も野面積・乱積である。築石も間詰石も大きさがあまり変わらない。松本城の石垣石材の多くは、「山辺石」と言われる近郊の閃緑斑岩（玢岩）であるが、ほかにもチャートや花崗閃緑岩と思われる石材もありそうである。図3は天守台南面石垣である。ここでも隅角石は自然石で算木積みは不完全なものである。築石は自然石で野面積・乱積である。隅角部の勾配は直線的で比較的緩やかである。天守台西面石垣（図4）でも同様な積み方である。これが築城時の石垣の状況を示しているのではないかと思われる。

　図5は1992（平成4）年に復元された太鼓門隅角石である「玄蕃石」である。玄蕃とは城主だった石川康長のことである。城内最大の石材で高さ約4m、推定重量約22・5tといわれる。岩石は閃緑斑岩である。太鼓門の石垣石材のほとんどが同様の岩石である（図6）。本丸に入る前の黒門（一の門）は1960（昭和35）年

図2　水堀部南東石垣

図3　天守台南面石垣

図4　天守台西面石垣

図5　太鼓門の玄蕃石

図6　太鼓門石垣石材

図7　復元された黒門

図8　黒門石垣石材

図9　月見櫓台東面石垣

に復元されている（図7）。石材には閃緑斑岩だけでなく安山岩も使われている（図8）。図9は月見櫓台石垣の隅角部である。ここでも、玄蕃石同様大きな石材を隅角部に用いている。大天守の北側には乾（いぬい）

図10　乾小天守東面

図11　乾小天守石垣石材（火山角礫岩）

小天守（こてんしゅ）がある。その東面石垣隅角石に他と違う石材を見つけた（図10）。火山から噴出された火山砕屑物によってできた火山角礫岩と思われる（図11）。

2023（令和5）年10月に城内にあった松本市博物館が大手門のあった付近にリニューアルした（図12）。常設展示室の目玉の一つが、松本城下町のジオラマである。

図12　松本市立博物館

ここでは、歴史、文化、自然について触れることができる。

最後に松本に来ると、土産に買って帰るお気に入りの菓子を紹介しておく。それは「天守石垣サブレ」という（図13）。菓子の入った箱やサブレの個包装に松本城石垣の絵柄がある。どうしてこのような名称となったのか、知らないが、城石垣とはまるで無関係の味で、不思議さがあって面白い。松本城の石垣に思いを寄せながら、コーヒーや紅茶を楽しんでほしい。

図13　天守石垣サブレ

【コラム】蓮如上人の隠れ里にフズリナ（福井県）

福井県は、浄土真宗が盛んな地の一つである。浄土真宗の教えは親鸞により大成され、3代目の覚如によって要約されたのち、8代目の蓮如によって全国に伝えられたという。つまりは、浄土真宗にとって、蓮如こそ布教・拡大に最も貢献した人物だったわけだが、蓮如が活躍したころ、世は戦国時代であった。武士は方々で対立し、宗教も農民もこの争いに巻き込まれた。

そんななか、浄土真宗は一向宗の名で農民の心をとらえ、日本全国に信者を増やしていった。布教活動は順調なときばかりではない。比叡山延暦寺の門徒との宗教対立がもとで京都を追われた蓮如は、地方を点々としながら身を隠さなければならない時期があった。

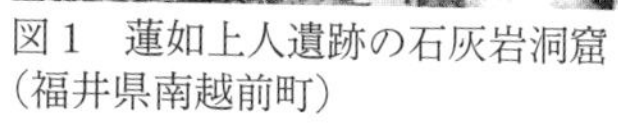

図1　蓮如上人遺跡の石灰岩洞窟（福井県南越前町）

福井県南越前町の芋ケ平は、福井県と岐阜県の県境付近の日野川源流部に位置している。今は誰も人が住まなくなり無人集落となったが、このムラの一角に「蓮如上人遺跡」と呼ばれる石灰岩洞窟がある（図1）。集落の名は、米がとれないため芋を常食としたことに由来する。

図2　石灰岩洞窟に見られるフズリナ化石

そんな貧しい村だったが、信心深い村人はそこに滞在した蓮如のために米を調達し、大岩洞窟までの道のりを日に三度運んでもてなしたという。蓮如上人が身を隠したと伝えられる大岩は、古生代ペルム期の石灰岩でつくられている。石灰岩の主成分である炭酸カルシウムは雨水に溶解するため、石灰岩の表面に独特の凹みが形成され、フズリナが際立って見える（図2）。蓮如が隠れていたころの大岩は、今ほどフズリナは見えなかっただろう。石灰岩の溶食は、酸性雨が問題になりはじめた1980年代後半より急速に進行したと考えられる。

引用文献

（愛知県）

●マントルを作る石・超塩基性岩とは何か?

宮崎一博・西岡芳晴・中島 礼・尾崎正紀（2008）御油地域の地質 地域地質研究報告（5万分の1地質図幅）産総研地質調査総合研究センター p. 97

●わが国最大級の河畔砂丘にサリオパーク

森 勇一（1987）尾張西部の地形・地質 都市近郊の自然をたずねて 愛知県 pp. 35-47

●蛙目粘土とノベルティ

森 勇一（2010）第4章 第2節 移り変わる堆積盆地—数百万年前の川が運んだ地層 愛知県史別編・自然 愛知県 pp. 300-318

中村儀朋（2021）忘れられた青春切符—戦後の一大叙事詩・瀬戸の集団就職 愛知の昭和30年代を歩く（溝口常俊編） pp. 138-139

●横山住職絶賛の馬の背岩と乳岩峡

浦川洋一・横山良哲（1988）設楽盆地の岩脈の解析と中新世後期における応力場の研究 名古屋地学50 pp. 81-86

●白亜の壁—長野県から押し寄せた10mの火山灰

長橋良孝・里口保文・吉川周作（2000）本州中央部における鮮新—更新世の火砕流堆積物と広域火山灰層との対比および層位噴出年代 地質学雑誌106 pp. 51-69

二村光一・森 勇一・田中里志・宇佐美徹（2023）〝羽状構造〟をともなう泥質砕屑岩脈—愛知県知多半島前期鮮新世大谷火山灰層の例 地球科学77-4 pp. 123-125

吉田史郎・尾崎正紀（1986）半田地域の地質 地域地質研究報告（5万分の1地質図幅） 地質調査所 p. 98

中山勝博・吉川周作（1995）鮮新統広域テフラ層である大田テフラ層の堆積過程（予報） 地球科学49 pp. 406-418

●伊勢の海のランドマークだった古墳列

湯浅健二・江崎 武・赤塚次郎（1990）蜂須賀遺跡と「海部の古道」・考古学フォーラム 愛知考古学談話会 pp. 97-106

赤塚次郎（1992）海部郡と三河湾の考古学 伊勢と熊野の海—海と列島文化第8巻 小学館 pp. 225-254

愛知県埋蔵文化財センター（2008）一色青海遺跡Ⅱ（愛知県埋蔵文化財センター調査報告書第147集） p. 256

森 勇一・長谷川恵子（1992）朝日遺跡（自然科学編）（愛知県埋蔵文化財センター調査報告書第31集）—朝日遺跡の変遷 pp. 1-12

●「アンモナイトの約束」その後

森 勇一（2015）アンモナイトの約束—東海のジオストーリー50 風媒社 p. 186

●家康と戦った一向一揆の拠点にいたムシ

安城市教育委員会（2021）史跡 本證寺境内 p. 261

森 勇一（1999）昆虫化石よりみた先史～歴史時代の古環境変遷史 歴博国際シンポジウム「過去1万年間の陸域環境の変遷と自然災害史」 国立歴史民俗博物館研究報告第81集 国立歴史民俗博物館 pp. 311-342

森 勇一（2023）ムシが語る昔ばなし—500年前・1800万年前 ものづくりから自然史へ（令和5年度自然史学連合講演要旨集）

名古屋大学博物館 6

●私の学校ちょっと変なの？ 熱田台地のヒ・ミ・ツ

森 勇一（1996）愛知県飛島村（TB-1）ボーリング試料より産した珪藻化石群集 名古屋港西地区ボーリングコア分析調査報告 新修名古屋市史報告書2 名古屋市総務局 pp. 9-16
二村光一・山岡雅俊（2024）愛知県知多半島・中新統師崎層群にみられる生痕化石をともなう障害物痕 地球科学78 pp. 1-14
Hoshi Hiroyuki and Matsunaga Akari(2024) Magnetostratigraphic dating of Early Miocene deep-sea fossils from the Morozaki Group in central Japan. Inland Arc, 1-9

（三重県）

●菰野町3つの宝

原山 智・宮村 学・吉田史郎・三村弘二・栗本史雄（1989）御在所山地域の地質 地域地質研究報告（5万分の1地質図幅） 地質調査所 p. 145

●偵察されていた東南海地震

尾鷲市中央公民館郷土室（1994）東南海地震から50年「尾鷲を襲った地震と津波」 p. 21
小白井亮一・小林政能・永井信夫・鈴木康弘（2006）津波被害を捉えた航空写真―東南海地震の新たな資料を発見 写真測量とリモートセンシング45 pp. 69-72
鈴木康弘（2010）第3章 地震とその災害 愛知県史（別編自然） 愛知県 pp. 438-478

●隆起準平原の上に風車基地

木村一朗（1994）私のフィールドノート 木村一朗先生退官記念事業会 p. 119
活断層研究会編（1991）新編日本の活断層―分布図と資料 東京大学出版会 p. 437
三重県（1996）鈴鹿東縁断層帯に関する調査成果報告書 三重県 p. 40
三重県（1999）三重の活断層―布引山地東縁断層帯に関する調査― 三重県 p. 14
三重県立博物館（2001）三重県の地質鉱物―三重県地質鉱物緊急調査報告書 三重県立博物館 p. 128
吉田史郎・高橋裕平・西岡芳晴（1995）津西部地域の地質 地域地質研究報告（5万分の1地質図幅） 地質調査所 p. 136

●誰が彫ったか40体の磨崖仏

吉田史郎・高橋裕平・西岡芳晴（1995）津西部地域の地質 地域地質研究報告（5万分の1地質図幅） 地質調査所 p. 136

●日本最大のコンクリーションと貝石山

隅 隆成・西本昌司・村宮悠介・吉田栄一（2023）男鹿半島鵜ノ崎海岸の中新統西黒沢層・女川層中に見られる巨大鯨骨ドロマイトコンクリーション群の形成 地質学雑誌129 pp. 145-151
森 勇一・田口一男（2022）東海・北陸のジオサイトを味わう 風媒社 p. 206

●多度山はいつ高くなったのか？

鎌田浩毅・檀原 徹・山下 透・星住英夫ほか（1994）大阪層群アズキ火山灰および上総層群Ku6C火山灰と中部九州の今市火砕流堆積物との対比：猪牟田カルデラから噴出したco-ignimbrite ash 地

質学雑誌 100-11　pp. 848-866

●ミエゾウの足跡化石を掘る

森 勇一（1996）5　昆虫化石　古琵琶湖層群上野累層の足跡化石　服部川足跡化石調査団　pp. 65-66

森 勇一・宇佐美 徹（1996）1　珪藻化石　古琵琶湖層群上野累層の足跡化石　服部川足跡化石調査団　pp. 39-47

●暗い床の間に並べられた石

森 勇一（1995）三重県多度町に分布する新生代層　多度町史・自然　多度町　pp. 367-407

樽野博幸・森 勇一（2013）三重県桑名市多度町から産出した脊椎動物化石　三重県嘉例川火山灰層発掘調査報告書　多度力尾地区東海層群学術調査団　pp. 56-66

●伊勢国屈指の銀銅山・治田鉱山

山中 章（2002）伊勢国北部における大安寺施入墾田地成立の背景　ふびと54　三重大学歴史研究会　pp. 1-25

山中 章（2014）伊勢・伊賀国と大仏建立　TRIO 15　三重大学大学院社会科学研究科地域交流誌　pp. 38-39

黒川静夫（1992）伊勢治田銀銅山の今昔　朝日新聞名古屋本社編集制作センター　p. 182

北勢町（2000）第7節　治田鉱山　北勢町史　pp. 347-371

原山 智・宮村 学・吉田史郎・三村弘二・栗本史雄（1989）御在所山地域の地質　地域地質研究報告（5万分の1地質図幅）　地質調査所　p. 145

渡辺 寧（1997）高硫化系・低硫化系浅熱水性金鉱床　地球科学51　pp. 251-252

石神教親（2015）消えゆく治田鉱山　ふびと66　三重大学歴史研究会　pp. 52-60

●塩の芸術・川の造形

森 勇一（2019）東海のジオサイトを楽しむ　風媒社　p. 152

（岐阜県）

●わが家の表札は地球最古の化石

松島義章（1970）地球のすがた―化石のはなし　自然の観察アルバム5　第一法規　p. 166

益富壽之助・浜田隆士（1966）原色化石図鑑　保育社　p. 268

●世界最大規模の噴火だった濃飛流紋岩

山田直利・小井土由光（2005）濃飛流紋岩の分布　基盤年代および岩相の特徴　地団研専報53　pp. 15-23

中津川市鉱物博物館（2011）恵那山―その地質と成り立ち　第一五回企画展解説書　p. 20

小井土由光・山田直利（2005）濃飛流紋岩のコールドロン　地団研専報53　pp. 71-80

●天下分け目の決戦地はなぜそこに

森 勇一・田口一男（2022）東海・北陸のジオサイトを味わう　風媒社　206p

岡田篤正（2000）中部日本南部の活断層の概要　愛知県の活断層（その2）　愛知県防災会議地震部会　pp. 1-20

活断層研究会編（1991）新編日本の活断層　東京大学出版会　p. 400

本郷和人（2018）壬申の乱と関ヶ原の戦い―なぜ同じ場所で戦われたのか　祥伝社　p. 192

宇佐美龍夫（1996）新編日本被害地震総覧　東京大学出版会　p. 493

林 譲治（2011）天下を分けた地形―関ヶ原断層 みのひだ地質99選（小井土由光編） pp.32-33

●養老菊水は南の島からの贈り物

宮村 学（1988）養老山地地域 日本の地質5中部地方Ⅱ 共立出版 pp. 50-51

●4階建ての大滝鍾乳洞 上段ほど古く下段は成長途上

木村一朗（1994）私のフィールドノート（私家版） 木村一朗先生退官記念事業会 p. 118

●長良川中流域の付加体を探る

小井土由光編（2011）みのひだ地質99選（小井土由光編） p. 231

●濃尾地震―美濃では根尾谷断層 尾張では液状化

井口龍太郎（1894）大地震後岐阜県東濃ノ地ハ殊ニ擾乱セル哉 気象集誌13 pp. 70-74

飯田汲事（1979）明治24年（1891年）10月28日濃尾地震の震害と震度分布 愛知県防災会議地震部会 p. 304

建設省土木研究所（1974）明治以降の本邦の地盤液状化履歴 土木研究所彙報30 pp. 1-181

森 勇一（2022）愛知県清洲城下町遺跡2018KJ-3C区から発見された地震痕について 清須市埋蔵文化財調査報告XⅧ 清洲城下町遺跡XⅤ―新清洲駅北土地区画整理事業に伴う埋蔵文化財発掘調査報告書 清須市建設部・清須市教育委員会 pp. 150-157

名古屋市防災会議（1978）濃尾地震文献目録 名古屋市市民局災害対策課 p. 136

村松郁栄（1963）濃尾地震激震域の震度分布および地殻変動 岐阜大学学芸部研究報告（自然科学）3 pp. 202-224

●日本の古生物学発祥の地

鹿野勘次（2011）ピナクルとカッレンフェルト みのひだ地質99選（小井土由光編） pp. 46-47

森 浩一・門脇禎二編（1996）壬申の乱―大海人皇子から天智天皇へ 大巧社 p. 294

矢橋好文（1981）赤鉄鉱―石灰岩の次成沈殿物 金生山―その文化と自然（金生山化石研究会編） pp. 114-116

（長野県）

●誰かに話したくなる博物館

矢野孝雄・宮下 忠・木村純一（1988）水内地域 日本の地質4中部地方Ⅰ 共立出版 pp. 75-79

●白馬岳ジオトレッキング

長谷川美行・小松正幸（1988）白馬岳オリストストローム 日本の地質4中部地方Ⅰ 共立出版 p.10

清水長正編（2002）百名山の自然学―西日本編 古今書院 p. 125

●眼前の山なみは世界一若い花崗岩

原山 智・山本 明（2014）「槍・穂高」名峰誕生のミステリー 山と渓谷社 p. 350

竹下光士・原山 智（2023）槍・穂高・上高地地学ノート 山と渓谷社 p. 174

●日本最古の人類遺跡・野尻湖

野尻湖発掘調査団・新堀友之編（1986）日本人の系譜（日本の自然7） 平凡社 p. 114

森 勇一（2012）ナウマンゾウのウンチを食べる ムシの考古学 雄

山閣　pp. 24-27

●二人の古生物学者をとりこにした化石産地

阿南町町誌編纂委員会（1987）阿南町の化石　p. 447
糸魚川淳二（1981）東海の化石―太古の生きものたち　中日新聞社　p. 243
宇井啓高（1970）長野県下伊那郡阿南町に分布する中新世　富草層積成盆地の構造　地質学雑誌76　pp. 131-142
鹿間時夫（1954）長野県南部の第三紀層富草層群について　横浜国立大学理科報告 第2類 第3号　pp. 71-108
田中邦雄ほか（1977）阿南町の化石　長野県下伊那郡阿南町教育委員会　p. 215

●信玄の軍用道路だった中央構造線

新田次郎（1974）武田信玄（第四巻 山の巻）文春文庫　p. 510
松島信幸（2019）本州の屋根を貫く　その安全を問う―世界最速列車か世界最悪列車か　駒ヶ根市立博物館館報（第3集）駒ヶ根市立博物館　pp. 36-47

●氷河の爪痕千畳敷カール

森 勇一・小野知洋・吉田耕治（2019）駒ヶ根市南割公園内のハッチョウトンボ保護地における珪藻群集について　駒ヶ根市立博物館館報（第3集）駒ヶ根市立博物館　pp. 54-67
山田哲雄（1995）木曽駒ヶ岳の千畳敷カールと花崗岩　信州の地質めぐり―自然史ハイキング　郷土出版社　pp. 246-259

●六文銭真田の聖地は深い海の底だった！

MAKIYAMA, J. (1936)Sinanodelphis izumidaensis, a New Miocene Dolphin of Japan. Memoirs of the College of Science, Kyoto Imp. Univ., Ser. B, vol.11, no.2, 115-134
小林祐一（2002）飯縄山・城山とその周辺地域の地質　上田の地質と土壌（上田市誌自然編①）上田市　pp. 42-62
上野輝弥（1979）長野県坂城町別所層の魚類化石　長野県埴科郡坂城町胡桃沢化石群の調査報告　胡桃沢化石群発掘調査団・坂城町教育委員会　pp. 5-12
波部忠重（1975）貝Ⅱ学研中高生図鑑　学習研究社　p. 294
藤岡換太郎（2018）フォッサマグナ―日本列島を分断する巨大地溝の正体　講談社　p. 236
高橋典嗣監修（2023）日本列島誕生のトリセツ　昭文社　p. 126

（富山県ほか）

●謎の石「オニックスマーブル」（その2）

営繕管財局編纂（1936）帝国議会議事堂建築の概要　p. 120
営繕管財局編纂（1938）帝国議会議事堂建築報告書　p. 710
黒部市歴史民俗資料館（2020）新川の鉱山物語（黒部市歴史民俗資料館第16回特別展）p. 28
工藤 晃・牛来正夫・中井 均（1982）議事堂の石　新日本出版社　p. 148
臨時議院建築局編纂（1921）本邦産建築石材　三菱会社出版　p. 281
乾 陸子・北原 翔（2009）日本の建築用大理石　石材の産地と現状　115　1
竹内 誠・古川隆太・長森英明・及川輝樹（2017）泊地域の地質　地域地質研究報告（5万分の1地質図幅）産総研地質調査総合センター　p. 121
小山一郎（1912a）越中大理石産出の概況　本邦産建築石材雑記（承

前）19-225 pp. 302-305

小山一郎（1912b）富山県越中國下新川郡下立村及愛本村大理石産地 本邦産建築石材雑記（承前）19-226 pp. 344-351

小山一郎（1931）日本産石材精義 龍吟社 pp. 298

福山繭子・小笠原真継（2019）富山県黒部市に産する下立トラバーチンの岩石学的・地球化学的特徴とU-Pb炭酸塩鉱物年代 日本地質学会 第126学術大会講演要旨

田中義太郎・山本政儀・田崎和江（2001）炭酸塩バイオマットの放射年代測定 山梨県増富鉱泉を例として 地質学雑誌107 pp.673-680

伊藤一廣・寺田和雄（2002）福井県大野市打波川流域に見られる石灰華形成地 地質ニュース575 pp. 55-61

脇水鉄五郎（1902）美濃赤坂金生山石灰岩層 地質学雑誌9-108 pp. 331-335

下立地区自治振興会（2004）下立村史 p. 425

●液状化災害の怖ろしさ―能登半島地震速報①

五木寛之（1972）内灘夫人 新潮文庫 p. 509

塚越真二（2024）横ずれした地表 固い地盤に阻まれて激しく隆起 特別報道写真集令和6年能登半島地震 北國新聞社 pp. 92-95

●震度7の揺れに加えて津波が襲う―能登半島地震速報②

能登町教育委員会（2022）石川県能登町真脇遺跡Ⅱ（本文編） p. 272

森 勇一（2022）第6項 昆虫 石川県能登町真脇遺跡Ⅱ（本文編） 能登町教育委員会 p. 183

中日新聞社（2024）特別報道写真集 2024.1.1 能登半島地震 p. 64

北國新聞社（2024）特別報道写真集 令和6年能登半島地震 p. 125

由比政年（2024）複雑な海底地形により波が折り重なって増幅 特別報道写真集 令和6年能登半島地震 北國新聞社 pp. 62-65

●魅惑の恐竜ワールドふくい

福井県立恐竜博物館（2023）福井県立恐竜博物館展示図録 p. 148

【コラム】

（愛知）

知多クジラ発掘調査団（1993）愛知県知多半島の中新統師崎層群から産出した歯鯨化石 地球科学47-2 pp. 153-157

Kimura T. and Hasegawa Y.(2022)A New Physeteroid from the Lower Miocene of JapanPaleontological Research, 26, 87-101

森 勇一・宇佐美徹（2015）第2章 地質 日進市史自然編 日進市 pp. 28-80

森 勇一（1995）第4節：多度町の生い立ち 多度町史・自然 多度町 pp. 367-437

（三重）

二村光一（2016）下部中新統鈴鹿層群筆捨礫岩層における左ずれ脆性剪断作用 地球科学70-3 pp. 95-108

二村光一（2019）日本の露頭―筆捨礫岩層にみられる変形礫岩 地球科学73 p. 59

森 勇一（1995）第4節：多度町の生い立ち 多度町史・自然 多度町 pp. 367-437

（岐阜）

岩田 修（2011）火山堆積物が厚く残された山―笠ヶ岳 小井土由光編みのひだ地質99選 pp. 176-177

原山 智（1988）笠ヶ岳流紋岩　日本の地質5中部地方Ⅱ　共立出版　p. 82-83

（福井）

福井市自然史博物館（2019）ふくい地質景観百選　ふくい地質景観百選編集委員会　p. 120

【城石垣を見て回る】

（愛知県）

●岡崎城

岡崎市教育委員会社会教育課（2018）岡崎城跡 石垣めぐり

中井 均・三浦正幸 監修（2004）よみがえる日本の城3 名古屋城 岡崎城　学習研究社　p. 64

●犬山城

犬山城白帝文庫歴史文化館（2012）図説 犬山城　犬山市白帝文庫　p. 104

佐藤重造・横山住雄（1986）各務原の歴史散歩 鵜沼石工と石亀神社　教育出版文化協会　p. 123

（岐阜県）

●大垣城

鈴木隆雄（2018）歴史と文化の交差路　新 大垣を歩く　大垣市文化財保護協会　p. 304

山名美和子（2004）名城をゆく24 大垣城　小学館　pp. 4～13

●苗木城

中井 均・三浦正幸 監修（2005）よみがえる日本の城16 大垣城　津城　学習研究社　p. 64

岐阜県中津川市（2021）国指定史跡 苗木城跡　中津川市　p. 6

（三重県）

●田丸城

玉城町教育委員会（2022）田丸城（玉丸城）跡 沿革抜書

玉城町教育委員会（2022）田丸城跡　玉城町　p. 8

中井 均・三浦正幸 監修（2005）よみがえる日本の城16 大垣城　津城　学習研究社　p. 64

●鳥羽城

鳥羽市教育委員会（2022）三重県史跡 九鬼水軍の海城 鳥羽城跡　鳥羽市観光協会

小和田哲男（2020）名城の石垣図鑑　二見書房　p. 158

内野雄之・中江 訓・中島 礼（2017）鳥羽地域の地質 地域地質研究報告（5万分の1地質図幅）　産総研地質調査センター　p. 141

（長野県）

●高島城

矢島道子（2020）ナウマン—日本地質事始め　地図中心　576 pp. 3～25

山下 昇・訳（1996）日本地質の探求—ナウマン論文集　東海大学出版会　p. 403

一般社団法人大昔調査会（2020）諏訪の浮城 高島城のすべて　諏訪市観光課　p. 48

諏訪市教育委員会（2007）戦国時代の諏訪　諏訪市　p. 12

●松本城
「国宝松本城を世界遺産に」推進実行委員会 記念出版編集会議（2022）松本城のすべて　信濃毎日新聞社　p. 271
副読本「わたしたちの松本城」編集委員会（2023）わたしたちの松本城　松本市教育委員会　p. 100
原 智之・森 義直・公益財団法人文化財建造物保存技術協会・パリノ・サーヴェイ株式会社（2021）史跡松本城北裏門東側門台 保存整備事業報告　松本市教育委員会　p. 61

あとがき

筆者がNHK文化センター名古屋で、「地学はおもしろい—東海のジオサイトを楽しむ」という名の地学講座を開講するようになって5年になる。当初は、名の通り一作目の本『東海のジオサイトを楽しむ』の中で紹介した内容を、半年間計6回実施することだけを目標に実施した。それが50回を超えてしまったことになる。5年間、講座に通い続けてこられた熱心な受講生のたまものである。

前作『東海・北陸のジオサイトを味わう』では、城郭地質学（そういう学問分野があるわけではない）の観点から、田口一男さんに各県を代表する城石垣について執筆いただいた。本を購入された皆さんに聞いてみると、この部分が新鮮で面白いという。言われてみれば、城石垣を地質学や岩石学の立場からアプローチした書籍は日本ではほとんどない。城石垣が各地域の地質といかに結びついているか、本書を片手に東海三県や長野県の城巡りする皆さんの姿が想像される。

本書を出版するにあたり、居川信之氏（株式会社エイト日本技術開発中部支社）には、草稿段階で読んでいただき、間違いを修正したり改善を図ることができた。

写真および挿図借用などにあたっては、以下の皆さんの協力を得た。記してお礼申し上げる（五十音順：敬称等略）。

愛知県埋蔵文化財センター、安城市教育委員会、石神教親、大塚正樹、小野知洋、尾鷲市商工観光課、加藤章弘（加仙鉱山）、クリス・グレン、菰野町コミュニティ振興課、高木昌彰（関ヶ原町役場）、田中善太郎、田辺智隆（戸隠地質化石博物館）、津村善博、野尻湖ナウマンゾウ博物館、服部哲也、長谷川恵子、平野皓大、二村光一、藤崎真一、堀木真美子、松本市四賀化石館、水谷直人（古野区長）、宮下善太（阿南町教育委員会）、柳原國良、渡部壮一郎

なお、本書刊行まで尽力いただいた風媒社編集部の林桂吾氏には、心より感謝の言葉を申し上げる。

［著者略歴］
森 勇一（もり・ゆういち）
1948年愛知県生まれ。
三重大学大学院生物資源学研究科博士課程修了　博士（環境史学・古生物学）
愛知県立津島高等学校教諭、愛知県埋蔵文化財センター課長補佐、国際日本文化研究センター共同研究員・同客員准教授、金城学院大学などを経て、現在東海シニア自然大学講師、NHK文化センター講師ほか。
【著書】
『地球の歴史名探偵 ガラスの雨が降る夜』『アンモナイトの約束』『東海のジオサイトを楽しむ』『東海・北陸のジオサイトを味わう』（以上、風媒社）、『ムシの考古学』『続･ムシの考古学』（以上、雄山閣）、『環境考古学ハンドブック』（共著、朝倉書店）・『環境考古学マニュアル』（共著、同成社）ほか多数。

田口一男（たぐち・かずお）
1947年岐阜県生まれ。
愛知教育大学高校教員養成課程（理科）卒業　名古屋大学理学部地球科学教室研究生　専門は地史学・層位学・野外地質学
南山高等学校女子部非常勤講師、名古屋女子大学中学校・高等学校教諭・事務長を経て、現在株式会社C・ファクトリー専門研究員として城石垣石材と採石丁場、古墳の葺石・石室石材などの調査研究をおこなっている。
【著書】
『愛知県　地学のガイド』（共著、コロナ社）、『親と子の面白地学ハイキング』『親と子の自然観察ドライブ』『親と子の自然景観ウオッチング』『東海・北陸のジオサイトを味わう』（以上、風媒社、分担執筆）

＊本の感想をお寄せください。→森 勇一 E-mail：y-mori@pro.odn.ne.jp

装幀／三矢千穂

ぶらり東海・中部の地学たび

2024年6月30日　第1刷発行　（定価はカバーに表示してあります）

著　者　　森 勇一　田口 一男

発行者　　山口 章

発行所　名古屋市中区大須1丁目16番29号
電話 052-218-7808　FAX052-218-7709
http://www.fubaisha.com/
風媒社

乱丁・落丁本はお取り替えいたします。　＊印刷・製本／シナノパブリッシングプレス
ISBN978-4-8331-4318-9